没有成功 因为你付出的还不够

大海里没有礁石激不起飞溅的浪花，
生活中没有付出就看不到成功的辉煌。

冰 洁◎著

成功来源于不懈的努力，雨后才能有炫丽的彩虹！
向往成功的桂冠，就别空费每一天！

Meiyou Chenggong
Yinwei Nifuchu De Haibugou

中国言实出版社

图书在版编目(CIP)数据

没有成功 因为你付出的还不够/ 冰洁著. — 北京：中国言实出版社，2013.4

ISBN 978-7-5171-0097-3

Ⅰ. ①没… Ⅱ. ①冰… Ⅲ. ①成功心理—通俗读物 Ⅳ. ①B848.8-49

中国版本图书馆 CIP 数据核字(2013)第 062511 号

责任编辑:李 生 孙法平

出版发行 中国言实出版社

地 址:北京市朝阳区北苑路 180 号加利大厦 5 号楼 105 室

邮 编:100101

电 话:64924716(发行部) 51147960(邮 购)

64924853(总编室) 56423695(编辑部)

网 址:www.zgyscbs.cn

E-mail:zgyscbs@263.net

经 销 新华书店

印 刷 北京市德美印刷厂

版 次 2013 年 4 月第 1 版 2013 年 4 月第 1 次印刷

规 格 710 毫米×1000 毫米 1/16 15 印张

字 数 200 千字

定 价 32.00 元 ISBN 978-7-5171-0097-3

前　言

有人说，世间唯一最可证明的因果是，你付出多少努力，就必有多少收获。可想而知，不成功，是因为你付出的还不够。

丁尼生曾说："梦想只要能持久，就能成为现实。我们不就是生活在梦想中的吗？"这个道理很明白，你只要朝着梦想的方向前进，自己就可以成功。但是，望着那似乎遥不可及的梦想，你却开始失去自信，你甚至认为，在这个梦想面前自己可能会失败。好了，如果是这样，那你就已经失败了。李小龙说过："如果你认为你会失败，那你就已经失败了。"

海伦·凯勒说："信心是命运的主宰。"没有了信心，你的梦想就只能变成空想，而你，会成为空想的奴隶。你没有信心或者付出的努力不够，都将动摇你在梦想实现前的步伐。想要成功，你必须信心满满，"人有了坚定的信心，才是不可战胜的"。

有了信心就够了吗？当然不够，人生犹如在大海中航行，有了目标，才会有持久的方向。要想成功实现梦想，你必须望着前面的目标，执著地走下去。你应该如同巴尔扎克所说的一样，"拼着一切代价，奔你的前程"，只有用这样的执著精神，你才能够把人生的船驶向正确的目标。

当然，要想成功，你还不能忘记最重要的一点，那就是勤奋。一勤天下无难事，成功就在勤奋中。如果不肯付出勤奋，毫无疑问，你将会一无所得，更勿论成功。就像高尔基说的"天才出于勤奋"，如果多付出一些勤奋，那么在成功之路上，你就是一个天才。

托·富勒说："一个明智的人总是抓住机遇，把它变成美好的未来。"你必须学会聪明而又主动地抓住身边的机遇，才能在成功的路上事倍功半。倘若少付出一些主动，机遇就会从你身边悄然溜走，让你追悔莫及。

对了，在成功之路上，你还不能少了一样最锋利的"武器"，那就是责任。如果缺了担当,少了责任,你如何能够取得成功?你要明白的是,一个人能承担多大的责任,他就能取得多大的成功,反之亦然。

平坦的大道不存在于人生的字典当中,问题在所难免,那么遇到问题你又当如何?是畏缩不前,还是付出行动?“伟大的梦想只有付诸行动才能成为壮举。”想要成功,行动是你唯一的选择。多付出一些行动,你方能早一日获得成功。

你会遇到挫折,如果碰巧运气不佳的话,突如其来的困难会压得你喘不过气来。那么在这个时候,你有多少勇气可以知难而上?你怕了吗?想想契诃夫的话你就会释然,“困难与折磨对于人来说,是一把打向坯料的锤,打掉的应是脆弱的铁屑,锻成的将是锋利的钢刀”。多付出一些勇气,你会在挫折面前行得更稳。

你会遇到委屈,不过没关系,人生不如意事十之八九,谁能不遇到委屈呢?聪明的人,会把委屈都化为奋进的动力;而笨拙的人,一有委屈就赶快向人诉说。更何况,一个人越成功,所要遭受的委屈也就越多。多付出一些忍让,当委屈在你眼中变成“理所当然”的时候,在成功之路上你已经炉火纯青,百炼成钢了。

你还会遇到诱惑。生活中动人的诱惑实在太多,多的让你无法想象,“乱花渐欲迷人眼”已经变得再普通不过,成为了你生活的一部分。随便一个诱惑,都能将你拉入痛苦的深渊,使你与成功失之交臂。诱惑很可怕,在这些可怕的诱惑面前,你必须用自律为自己构筑一道坚固的堡垒,才能将其拒之门外。

对了,还忘记了重要的一点,那就是在成功之路上,你必须多交朋友。“一个篱笆三个桩,一个好汉三个帮。”多个朋友,你就多了条路。当你拥有广泛的人脉之时,你就可以在通向成功的路上放心奔跑,因为前面有朋友,你无须担心迷路。

总而言之,你不需要总是去羡慕别人的成功,“与其临渊羡鱼,不如退而结网”。只要多付出一些努力,你也一样可以赢得成功。威·希克森说:“要努力,努力,再努力,如果开始不成功,还要努力,努力,再努力。”多付出一些努力,你一定可以成功。

目录

Contents

第一章　成在付出，任何成功都是付出的结果

成功好比是一架梯子，而付出则是梯子中间的横木，虽然一根根横木看起来并不起眼，可也正是这些横木，构成了整个梯子的主体，没有横木，则梯子也就不能成为梯子。所以我们说，任何成功，都是由一点一滴毫不起眼的付出所组成。正如莫扎特所说："谁和我一样用功，谁就会和我一样成功。"成功在于付出，任何成功都是付出的结果。

第二章　梦想面前，你付出了多少自信

梦想如同是一盏悬在夜空中的明灯，指引着人生的方向，督促着我们一站一站向前奔跑。在梦想面前，我们兴奋，我们激动，我们幻想着在实现梦想的那一刻可以放声大喊：我们成功了！可是，那一声我们终究还是没有喊出，因为缺少自信，在通向梦想的路上我们一直裹足不前。所以，请不要抱怨梦想之路太过艰难，我们得先问问自己，付出了多少自信？

第三章 目标面前,你付出了多少执著

人生犹如航行,有了目标才会有持久的方向。但是,有了持久的方向,我们就一定能够乘风破浪,划向成功吗?未必!在航行的途中,总会有狂风巨浪呼啸着向我们冲来,会把我们冲得七荤八素,从而偏离了航道。可想而知,一旦偏离航道,迎接我们的,只能是与成功擦肩而过。我们该怎么做?我们要咬紧牙关,顶着滔天的巨浪,不放弃、不后退,用坚持赢得成功。

第四章 工作面前,你付出了多少勤奋

古罗马有两座圣殿:一座是勤奋的圣殿,另一座是荣誉的圣殿。每逢圣殿有活动举行,人们在安排座位时都有一个秩序,那就是所有参与的人必须先经过前者,才能到达后者。如此一来,那些试图绕过勤奋寻找荣誉的人,都会被荣誉拒之门外。勤奋是通向成功的必经之路,我们要想成功,谁都无法绕过勤奋。在工作面前,只有保持一颗勤奋之心,以勤奋的付出,才能获得自己想要的成功。

第五章　机遇面前，你付出了多少主动

机遇是一种很奇妙的东西，像是一个武功绝顶的武林高手，来去无踪。来的时候，他重情重义，希望可以帮你成就一番大业；走的时候，他会铁石心肠，让你损失惨重。其实每个人都可以抓住属于自己的机遇，但前提条件必须是要去主动付出。机遇不会去主动讨好任何一个人，如果你只是想坐等机遇到来而不愿意去主动争取的话，那么，注定只能与机遇失之交臂。

第六章　责任面前，你付出了多少担当

责任不是春风拂面般的悠然，也不是品茗赏菊般的恬淡，它是一种心态、一份气魄和一个使命。每个人面对责任的时候，都必须学会担当。在通向成功的路上，责任其实早已化为了我们随身携带的行囊，它的里面装满了水和食物。它只告诉我们一个简单却又明了的事实：担当责任者生，抛弃责任者死。那么你呢？在责任面前又付出了多少担当？

第七章 问题面前,你付出了多少行动

我们永远也不能否定这样一个事实:在人生的旅途中,不可能有绝对的平坦大路可以让我们去走,拦路的石头和坑坑洼洼的路面会在所难免。前进的时候,我们不仅可能会一脚深一脚浅,更有可能会磕磕绊绊,无法顺利行走。这是做任何事情都无法避免的问题。那么,当遇到问题的时候我们要怎么去解决?是扔在一边还是付出行动?不言而喻,倘若没有行动,问题则永远只能是问题而无法解决。

第八章 人脉面前,你付出了多少心血

俗话说得好:一个篱笆三个桩,一个好汉三个帮。在生活中任何人要完成一项任务,离开社会、离开群体、离开他人都是不可能的。广泛的人脉就像一盏盏指路的明灯,为还在人生十字路口徘徊的我们指明前进的方向。这些可以帮助我们的人,都是我们的朋友。可想而知,倘若缺少这些朋友的帮助,那么我们的人生会陷入怎样的一种境地?肯定会是漆黑无助,孤立无援,难以走向成功的彼岸。所以,我们想要成功,就不能吝惜自己的情感,需要多付出一份心血,经营好自己的人脉关系。

第九章 挫折面前，你付出了多少勇气

契诃夫曾经说过："困难与折磨对于人来说，是一把打向坯料的锤，打掉的应是脆弱的铁屑，锻成的将是锋利的钢刀。"我们深以为然。但是对于还未成型的钢刀来说，最艰难的事情，莫过于迎接锤的打击。这需要付出的不仅仅是坚忍的心态，更需要付出一份无与伦比的勇气。看着那柄千斤巨锤砸将下来，有勇气者生，胆怯者死，这是生存的法则。

第十章 委屈面前，你付出了多少忍让

人生在世，注定要受到许多的委屈，这是谁都无法改变的事实。而在通向成功的路上，我们走得越远，所遭受的委屈也就会越多。委屈就如同人生的另外一些包袱，如果不能及时地将其打开甚至甩掉，那么我们的负担将会越来越重，总有一天，它会把我们压垮在路上。要想使生命获得价值和炫彩，要想使成功的笑容更加灿烂，我们就不能太在乎委屈，不能让它们紧紧揪住我们的心灵、扰乱我们的生活。我们要学会一笑置之，用忍让化解委屈。

第十一章　诱惑面前，你付出了多少自律

我们生活在一个机会泛滥、诱惑无限的时代，在这个时代中我们都必须承认一个事实，那就是“乱花渐欲迷人眼”已经变得再普通不过。在通向成功的路上，这样的诱惑像满山盛开的鲜花，随处可见。但是，在每一个“鲜艳”的诱惑下面，都会有一个可以致人死命的陷阱，在等着给落入其中的我们致命一击。所以，面对诱惑，我们必须耐得住寂寞，经得起诱惑，始终守住自己的操守和底线，用自律，为我们的成功之路扫清障碍。

第十二章　只有非凡的付出，才有非凡的成功

非凡的成功，总是需要非凡的付出。在生活中，没有一个人可以随随便便地成功，想要成功就必须要付出汗水、泪水、挫折和失败。我们想要的成功越大，这些付出就必须要越多，这如同是天平的两端，一端是成功，而另一端就是付出。只有非凡的付出，才可能压得起非凡的成功，少付出一点，我们的成功就不可能那么圆满。

第一章

成在付出，任何成功都是付出的结果

成功好比是一架梯子，而付出则是梯子中间的横木，虽然一根根横木看起来并不起眼，可也正是这些横木，构成了整个梯子的主体，没有横木，则梯子也就不能成为梯子。所以我们说，任何成功，都是由一点一滴毫不起眼的付出所组成。正如莫扎特所说："谁和我一样用功，谁就会和我一样成功。"成功在于付出，任何成功都是付出的结果。

1. 成功在于付出,付出多少才能得到多少

人生是一场充满惊险刺激但却非常公平的赛跑,在这场游戏里,我们每个人都是一名参赛者,最终的目标都是成功。虽然成功的定义在每个人的心中不尽相同,但无一例外,所有人都渴望得到自己心目中的成功。

可以说,成功在我们每个人的心中是一幅最美丽的画,白天我们幻想,夜晚我们梦想,我们总是渴望着有一天可以走进那幅画里,尽情奔跑,放肆欢笑,无所顾忌地享受成功的欢悦。可是不知道为什么,我们却总有一种感觉,觉得成功离我们太远,远到遥不可及。于是,我们开始一面盯着别人的成功,一面羡慕地发出感叹:为什么我的成功还这么远呢!

成功真的离我们很远吗?

当然不!成功在于付出,我们付出多少努力,才能得到多少成功!那些成功者的光环背后,无一不是用付出的汗水所浸染,咸咸的、苦苦的,但却也是甜甜的。而我们,在大多时候都扮演了一个被叶子遮住了眼睛的人,只看到别人成功的甜蜜,却无视他们一次又一次的付出。

在现代社会里,很多人都持有一种观点:付出与收获不成正比。这种观点我们无法去强加反驳,事实上也是,很多时候我们付出了很多,但却收获甚微。所以就会有很多人拿着这种理由做幌子:既然付出和收获不成正比,那我们付出了很多,却没有得到想要的成功,也就符合了事物的正常发展规律,这不足为奇。

他们把这种得不到成功的心态,归结于一种正常,以作为自我安慰的理由。

可是,他们为什么不认真地去想一想,自己付出的够了吗?真的是足

够多了吗？

一只凶猛的老虎想要捕捉到一只弱小的兔子，它必须要经过先去侦察、判断、策划捕捉方案等一系列准备工作，然后再实施行动。当然，在行动的过程中，它还要小心翼翼地埋伏、潜行、暴起发难，奋力冲刺等。老虎要想得到这一次小小的成功，需要付出多少努力？而且，它还未必就能获得成功。但有一点显而易见，在这么多的付出里面，它想摒弃任何一环，都捉不到兔子。

“说一尺不如行一寸”。这个“行一寸”，就是要把每一寸细微的付出都能落实到位，这样成功才能靠近我们，接纳我们。“想得好是聪明，计划得好是更聪明，做得好才是最聪明。”所谓做得好，自然也是指要更多的付出。唯有如此，我们才能得到自己想要的成功。

有一个穷小伙子很羡慕一位老木匠，因为老木匠手艺好，名气大，每接一个活儿都能挣不少钱。小伙子心想，如果能够拜得老木匠为师，就一定会获得成功。

于是，他来到老木匠家里，拜老木匠为师，请求老木匠传授给他木工最精妙的绝活儿。老木匠答应了他。

他每过几天都会问老木匠一次：“师傅，您看我将来能不能成功，能不能像您一样做个有名气的木匠？”老木匠总会笑笑对他说：“看你现在这个样子，很难讲。你如果能安心学活儿，兴许可以成功。”

小伙子嘴里答应着，可是心里却不以为然：跟着有名气的师傅，看也看会了，那里还有不成功的道理？所以他每天跟着师傅学活儿，却并不肯付出过多的努力，一点多余力气也不肯下，总以为名师必有高徒，成功只是早晚的事儿。对于师傅安排的那些小活儿，他从来都不屑一顾，只是一门心思想着要跟师傅学习木工的绝活儿。

可是，日子一天天过去了，小伙子却并没有从师傅那里学到什么真正的本领，他想要像老木匠一样成功的目标还是遥不可及。他实在忍不住了，就去质问老木匠："师傅，我要什么时候才能像您一样成功？"

老木匠看了看小伙子，对他说："你不是想要和我一样成功吗？这会儿跟我走，我带你去个地方，去见一位高人，你就可以像我一样成功了。"

小伙子开心地跟着老木匠朝前走去，走了很久也没有停下来。正当他不耐烦的时候，忽然发现前面已经没有路了，而是一个大湖。但师傅却没有一点止步的意思，带着他颤巍巍地向湖中走去。

无奈，他只好出声提醒老木匠："师傅，前面没有路了。"老木匠回过头来对他说："高人就在前面，当然还有路，你只管跟着我走就行了。"

就这样，老木匠带带着小伙子一直向湖中心走去，湖水越来越深，慢慢地淹到了两个人的胸部，眼看再走下去就是灭顶之灾。这个时候，老木匠忽然转过身来，一把抓住了小木匠的头发，把他的脑袋朝水里按去。

小木匠大吃一惊，使劲儿挣扎，好不容易刚把头从水里抬了起来，老木匠却一使劲儿又按了下去。这次小木匠是真的急了，用尽了全身的力气奋力一推，把老木匠推到了一边，然后转身向岸边快速游去。

只一会儿工夫，他就爬上了岸，逃出了困境。

他深深地吸了一口气，缓过了劲儿，然后对着水里的老木匠大吼："老家伙，我只是想要成功，你却想要淹死我呀！"

老木匠在水里笑道："你想要成功的方法，我已经教给你了。如果能用刚才逃命时的劲头付出更多努力，你早就成为一名比我更出色的木匠，在水里的时候。你不是比我更成功吗？"

小木匠恍然大悟。

成功看似不远，其实也很远；看似简单，其实也不简单。在追求成功的路上，不要以为你已经做得够多了。如果你还没有成功，那么只能证明一件事儿：你付出的还不够多。对于这种说法，你无须持怀疑态度，如果不相信，你大可以看看那些已经成功的人是怎么做的。

爱迪生一生致力于发明，付出了比别人多几千倍、几万倍的汗水。即便是他功成名就时，也依然在不停地付出努力。75 岁的时候，他还每天准时到办公室里签到上班。别人问他："你都这么成功了，还这么努力，打算什么时候退休？"他双手一伸，装出一副十分为难的样子，对那人笑着说："糟糕，我每天净顾着努力做事了，活到现在还真没有考虑过这个问题！"他一直不停地付出，直到 84 岁逝世。

他曾说过："有些人以为我之所以在很多事情上略有成就，是因为我有什么'天才'，这显然不正确。无论是什么人，只要他头脑清楚，只要他有付出的足够多，都能取得像我一样的成就。"

生活就好像是登山，我们都想快些爬到山顶，但却不能省略其中的任何一步，因为每一步，都是我们登上山顶的关键。也许在登山的过程我们会很累，会精疲力竭，但也一定不要想着偷懒，因为你付出多少努力，决定了你能站在山上多高的位置。没有足够多的努力，你永远无法站到山顶。

请记住爱迪生的话吧："天才是百分之一的灵感，百分之九十九的汗水。"不流出足够多的汗水，你永远无法成功。

2. 只想获得不想付出注定一无所成

想要成功是每一个人的天性使然，人人都在渴望着成功，人人都在梦想着成功。但是为什么，并不是每一个人都可以拥有成功？

答案很简单：有些人想要成功，他们为之付出了努力，所以成功了；而有些人想要成功，却在想着不劳而获，想象着总有一天，会有一个梦想中的成功从天而降，砸在自己身上，让自己功成名就。

可是真会有这样的事吗？当然没有！我们要知道，天下没有免费的午餐，生活中也永远没有可以不劳而获的成功。我们看见一棵树郁郁葱葱，觉得是再平常不过的事了，却从来没有想过，这棵树为什么可以如此苍翠？那是因为它从一粒种子开始，就在努力为自己争取一个合适的生存环境。它的根拼命往下扎，汲取养分；它的枝叶使劲儿往上长，获得阳光。我们看见它如此生机勃勃的外表下面，实际上却不知经历了多少酷暑严冬的考验。

所以，种子成功生长成为一棵大树，是因为它付出了努力。一粒种子尚且如此，那我们呢？我们如果只想获得而不想付出，那只能是天方夜谭，只能是一无所成。

从前，有一位国王很爱他的子民。在他辛勤地治理下，国家富足，人民安居乐业。国王很是开心，但是他却还有一个担忧：人总是会老的，在自己死后，没有了自己的带领，百姓们还能过上如此幸福的生活吗？

这个担忧使他食不甘味，夜不能寐。于是他召集了国内所有的有识之士，命令他们寻找一个能确保人民幸福生活的永世法则。

人多力量大，一个月之后，大臣抱着三本厚厚的书跑来见国王："陛下，我们成功了，天下所有的知识尽数汇集在这三本书中，只要百姓们把这些看完，定可衣食无忧。"

国王看后却没有露出一点欣喜的表情，他对大臣说："我不认为我的子民们会花太多的时间来看这些书，这根本就没有用。"于是，他传令下去，让所有有识之士继续研究。

三个月后，大臣再次来见国王，这次他只拿了一本书，并告诉国王：已经把所有的知识精简，这本书很容易看得明白。但是国王还是不满意，让所有人继续研究。

半年之后，这位大臣满脸疲惫地来见国王，告诉国王已经找到了能使人民幸福生活的永世法则，并把它记录在了一张纸上。国王大喜，对他说："你们做得很好，从此以后我的子民们只要奉行这个法则，就可以永远生活幸福了。"他打开那张纸，上面只有一句话："天下没有可以不劳而获的东西。"

这个故事所包含的寓意想必我们每个人都看得明白，想要有所收获，就必须要有付出。这就如同那位国王，就算穷尽天下所有人的聪明才智，也终究难逃有付出才会有收获这一亘古不变的真理。

俗话说得好，"种瓜得瓜，种豆得豆"，就算我们种完不进行后期管理，这不还得付出"种"的努力吗？如果连种也不肯，那么瓜豆从何而来？我们就是把种子握在手中一百年，也永远不会有一丝一毫的收获。守株待兔的故事我们从小就听，也早就听腻了，难不成在追求成功的道路上，也想坐在树桩旁，等着成功一头撞死在我们跟前？

如果我们真的要做那个守株人的话，那么只会有一种结果等着我们：永远一事无成。

下面再来看个故事：

有一个穷汉天天在地里干活，起早贪黑、披星戴月很是辛苦，有一天他忽然想："每天干活这么辛苦，不知道什么时候才能挣到足够的钱供我享受，为什么我不去祈求神灵的帮助呢？"

他为自己的想法而扬扬得意，觉得自己很是聪明，找到了这么一个成功的好方法。于是，他对妻子说："家里的地交给你了，你好好播种，我要发财去了。"然后他就来到了山顶的神庙里，恭恭敬敬地跪下，开始日夜祈求神灵的帮助。

"伟大的神啊，请你赐给我财富，让我成为最成功的人吧！"

神听到了这个人的祈求，可是却很为难："这个家伙什么也不做，不肯付出一点劳动，就连乐善好施、积累功德的事也没有做过一点，我用什么理由给他财富和成功？如果仅因为他是诚心祈祷的话，那么世上所有的人就都不用干活了，完全可以凭借祈祷过上自己想过的生活。不行，我得去点化点化他。”

于是，神摇身一变，化为了他的妻子，出现在了他的面前。

这个人见到妻子也来到了庙里，不禁大感奇怪，问道：“你来这里做什么？我不是吩咐过你，让你好好播种吗？”

妻子回答：“我当然也是来祈求神灵的保佑啊，我要祈求神灵保佑，即便是我不努力播种，麦子也能在田里自然生长，获得好的收成。”

那人一听大怒，痛骂妻子：“你真傻，不在田里播种，却想着能获得好的收成。世上哪有不劳而获的事？”

妻子装着没有听见，对他说：“刚才你说什么？我没听清楚，你再说一遍？”

那人俯在妻子耳边大声说：“听好了，世上没有不劳而获的好事，傻子也知道，不播种不可能得到收获的果实！”

这个时候，神灵现出了原形，对他说：“诚如你自己所说，世上没有不劳而获的事。你要想得到果实，你必须付出劳动；你要想得到财富，就必须付出努力。当然，如果你想得到成功，就一定要做好成功所需要的一切准备工作。所以，你求我是没有用的，财富和成功，只掌握在你自己手中。”

多么精炼的道理！成功只掌握在自己手中。如果还妄图躺在床上静等成功的到来的话，那么我们奉劝你：快醒醒吧！只想获得不想付出注定只会一事无成！赶快从梦中醒来，再努把力，才是追求成功的正道。

3.只有足够的付出，才有想要的成功

在人生的舞台上，谁也不希望自己是个笨拙的演员，谁都希望自己能成为备受人们关注的焦点。这是每个人心目中都想要的成功。

但是，对于大多数人来说，成功只是理想的代名词，因为在他们心里，自己离成功或多或少会有那么一段距离。很多人会有这样一种心理：我理想中的成功，仅仅是能有一百万的存款就够了，可是为什么，这么多年过去了，我一直达不到这个理想？按说这个成功的理想不算很大啊！

的确不大！可是为什么他们还是成功不了？

我们来做一个假设：如果把我们想要的成功看作是一个整数 100，把组合成这个成功的每一个因素看做是单数 1，那么好了，这个 100 是如何得来的？很简单，把 100 个 1 简单相加，就得到 100 了。换种说法，只要把组成成功的每个因素做到最好，达到 1 的标准，那么我们就可以轻松得到成功。

但是，我们再想一想，在这么多 1 里面，如果有一个没有达到 1 的标准，是 9.8 或者 9.9，那么会有什么结果？很明显，所有这些数字的相加，将永远无法得到 100 这个结果。也就是说，我们将永远无法得到最终成功。

那种成功的目标仅仅是一百万，却总也达不到的原因，也正在于此。他们有些地方付出努力的不够，所以永远达不到想要的成功。

做任何事情，我们只有足够地付出，不落下任何一项需要付出的事情，而且还要使每项付出都能达到 1 的标准，只有这样，才能得到自己想要的成功。

这是唯一的途径，我们别无他路可走。

美国有个叫阿雷克翰的年轻人，在棋坛上是个无名小卒，但他喜欢下棋，他梦想着自己有一天可以战胜棋王卡巴布兰加，成为新的棋王。这个决定使他精神亢奋，雄心万丈，充满了高昂的斗志。

为了不受到他人的干扰，他独自一个来到乡下，每天独自一人揣摩卡巴布兰加的棋路。他简直为这些着了迷，夏天汗流浃背他茫然无知；冬天寒风刺骨他也浑然不觉，只是一门心思地投入到对棋路的研究上。有时候实在没有对手可以练棋，他就凭空想象出棋王正在与自己过招，进行模拟对弈。

奇迹发生了，一年之后，这个棋坛的无名小卒，凭借着自己不懈的付出，击败了卡巴布兰加，成为新的棋王。

我们来看，这个故事，仅是一个无名小卒怎么获得成功的案例吗？不！这个故事告诉了我们一个最简单的道理：只有足够的付出，才有可能战胜成功路上的任何困难。就如同阿雷克翰，如果他没有付出酷暑的汗水和寒冬的发抖，那么他将无法战胜棋王。或许他也会获得不错的棋艺，但只会排在棋王后面，永远无法成为真正的棋王。

想要的成功和付出就像是在人生天平的两端，付出必须是等量于或者多于想要的成功，才能把想要的成功压起，少一克也不行。我们想要得到自己心目中的成功，那就要拼命地增加付出的砝码，只能多，不能少。

电影史上最为著名的励志电影《黑夜高飞》讲了这样一个故事：

主人公银行家安迪被诬控谋杀，判处无期徒刑，含冤进入肖申克监狱。在人生的这个低谷中，安迪把走出监狱定为了人生最大的目标。在他看来，只要能走出监狱重获自由，那就是自己最大的成功。

但是走出监狱何其困难！

在监狱这个最混乱的角落里，他尽自己最大的努力奔波着。因为精通财务制度方面的知识，所以他成为了狱警处理税务问题的义务劳动者，从而免除了繁重的体力劳动。但是，这也为他带来了极大的危机，监狱长看重他这方面的能力，已经不愿意放他出监狱了。于是，他一次又一次的申诉开始被驳回。即便是他找到了自己被冤枉的证据，监狱长也不惜将证人杀死，要让他永远待在监狱里。

为了自己可以重获自由，他开始选择越狱。他每天用一把小鹤嘴锄挖墙洞。干完活后用海报遮住洞口，然后把挖出来的土块带在身上，在放风的时候给扔掉。他就像一只蚂蚁，在偷偷摸摸地趴在一棵大树上狂啃，想要在大树上啃出一个洞来。就连他的好友瑞德递给他鹤嘴锄的时候也对他说："如果你用这把鹤嘴锄挖墙，要用 600 年才能把墙挖通。"

安迪却不这样认为，他觉得，只要有足够的付出，就一定会有想要的成功。

20 年的时间里，他不停地在挖，从来不因希望渺茫而少挖一个土块。墙最终还是被他挖通了，他征服了在所有人眼里固若金汤的监狱高墙，在一个风雨交加的黑夜里，逃了出去。

当然，他得到了自己想要的成功。

我们都在人生之路追求着自己想要的成功，很多时候，我们把抱怨养成了一种习惯，总是在抱怨自己的成功目标太过于遥远，总是在抱怨自己已经付出了，却还是没有得到想要的成功。这个时候，我们就应该好好想想了，我们虽然付出了，但是付出了多少，足够撑起我们想要的成功吗？

没有得到自己想要的成功，那付出肯定不够！如果不同意我们的说法，你可以拿一张纸，从中间对折，一边写上自己想要的成功，一边写上自己所做的付出。我们敢打赌，两边绝对不对等，付出必定要小于想要的成功。

看看蚂蚁是怎样努力的吧！它用小小的身躯，搬起了比自己体重重上好几倍的粮食，如果没有足够的付出，又怎么能够做得到？

第二章

梦想面前，你付出了多少自信

梦想如同是一盏悬在夜空中的明灯，指引着人生的方向，督促着我们一站一站向前奔跑。在梦想面前，我们兴奋，我们激动，我们幻想着在实现梦想的那一刻可以放声大喊：我们成功了！可是，那一声我们终究还是没有喊出，因为缺少自信，在通向梦想的路上我们一直裹足不前。所以，请不要抱怨梦想之路太过艰难，我们得先问问自己，付出了多少自信？

1.

自信比金子更宝贵

“我到底是怎么了？那事看起来很简单，而我却没有做好！”

“这事我肯定做不好，我不行，没有那个能力！”

“我如果不是太不自信了，也许早就成功了！”

…………

在生活中，诸如此类的话，我们着实听过不少，这是不自信。有的人因为怀疑自己的能力而不自信；有的人是因为自卑而不自信。更有甚者，在性格中天生就带了一股不自信的坏分子，一直盘旋在他的周围，打着转儿不肯离去。

不自信是一种消极的心理表现，我们做任何事情如果不自信，就不可能会把事情做好。所以，自信，是一个人实现梦想的关键。如果说成功的梦想是跳跃的火焰，那么自信就是可供火焰燃烧的木柴。只要木柴充足，那么成功之火就会燃烧得活力四射，越来越旺。

哲学家克劳蒂娅说：“自信对一个人一生的发展所起的作用，无论在智力上、体力上，或者是在处世能力上，都有着基础性的作用。一个缺乏自信的人，便缺乏在各种能力发展上的主动积极性。”从这句话中我们也很容易看出，自信对一个人的发展有多么的宝贵！

那么，自信到底有多宝贵？

我们只能说，自信比金子更宝贵！

对于迈克尔·乔丹的童年来说，世界上除了亲情，再也没有比钱更重要的东西了。

他出生于布鲁克林的贫民区，从出生之日起就一直在贫穷与歧视的环境中生活。残酷的生存环境使他很早就明白了一个道理：如果手中可以有10美元，那么就能过上几天可以吃饱饭的日子。

有一天，父亲突然拿着一件旧衣服问他："你看这件衣服能值多少钱？"他接过衣服仔细看了看，这衣服实在太旧了，于是就老实回答父亲："最多只能卖1美元。"父亲看着他，用试探的口气说："那么，你能尝试着把它卖2美元吗？要知道，如果可以多卖1美元，我们全家今天就可以有一顿丰盛的晚餐了。"

乔丹想对父亲说：只有傻子才会买。可是看到父亲那满是渴求的眼神，他把刚到嘴边的话又咽了回去。"那好吧，我试试，但是我不敢保证可以卖得掉。"

他把那件旧衣服很小心地清洗干净，然后带到一个人流密集的地铁站进行兜售。面对熙来攘往的人群，他在心里开始退缩：就这么一件旧衣服，会有人愿意出2美元买吗？它可真是太旧了，要是能再新点，没准儿就有人买了！

让他感到意外的是，6个小时之后，那件旧衣服真的被卖出去了。这个意外让他惊喜不已，当紧紧攥着那2美元跑回家的时候，他忽然发现，自己心里的某一个地方已经被打开了一个缝隙，那是自信的大门。

从那以后，他每天都会从垃圾堆里捡出旧衣服，洗干净然后再卖出去。他觉得自己已经有信心把这些衣服卖到2美元一件，已经很了不起了。但是没过多久，父亲却又给他出了一个难题。

父亲又拿出一件旧衣服，对他说："你再想想办法，把这件衣服卖到20美元。""20美元？这怎么可能？"乔丹一下跳了起来："我做了很大努力才可以把一件旧衣服卖到2美元，怎么可能一下子卖到20美元？除非有人疯了才肯买！"

"你为什么不试试呢？上一次卖那件衣服的时候，你也同样没有自信。为什么不改变一下呢,也许你能做得更好!”

乔丹一怔:是啊,为什么自己不变得自信一些呢?既然我能把一件旧衣服卖到 2 美元,也就可以把它卖到 20 美元!他觉得自己充满了信心,一定可以完成这项看似不可能完成的任务。

经过考虑,他想了一个好办法,请学画画的表哥在这件衣服上画了一只可爱的唐老鸭和一只漂亮的米老鼠。于是,这件衣服摇身一变,成为了孩子们喜欢的卡通图案衣服。他把这件衣服拿到一个贵族学校的门口兜售,不大一会儿,就成功地卖了出去。

他挣得了 20 美元。

很快父亲给他出了第三个难题:让他把另外一件衣服卖到 200 美元。这次乔丹没有任何的犹豫,痛快地接过了衣服。他相信自己,一定可以!

机会是在两个月之后到来的。当红电影《霹雳娇娃》的女主演拉佛西来到了纽约。在记者招待会结束后,乔丹凭借身体的灵活,躲开了保安的注意,跑到了拉佛西的身边。“拉佛西小姐,你能为我在这件衣服上签个名吗?”乔丹微笑着问。

拉佛西看着乔丹那双充满渴求的眼神,善意地微笑起来:“当然可以。”

于是,乔丹有了一件明星拉佛西小姐亲笔签名的运动衫。他拿着这件运动衫在狂热的影迷中叫卖,最后居然被一个商人以高达 1200 美元的价格给买走了。他再次成功!

回到家里,一家人开始狂欢起来。父亲走过去拍拍乔丹的肩膀,对他说:“儿子,从这三次卖衣服的过程中,你学到了什么?”

乔丹看着父亲的眼睛,认真地说:“自信比金子更重要。只要有足够的自信,金子永远只能是附属品。只要有足够的自信,我就可以主宰自己的命运,变一切不可能为可能!谢谢您,爸爸!是您启发了我!”

居里夫人说："我们的生活似乎都不容易，但那有什么关系？我们应当有恒心，尤其要有自信心。"请相信，在通往成功的路上，绝对没有一马平川的官道，只有充满荆棘的羊肠小道。在这条小道上谁都不好走，但唯有自信可以披荆斩棘。正如迈克尔·乔丹的故事里所讲的道理，自信绝对要比 200 美元和 1200 美元贵重得多。人生中只要有了自信，处处都会有金子。

假如，我们还在梦想的道路上徘徊不前的话，不妨告诉自己：自信比金子还宝贵，多给自己点信心。

2. 成功不靠运气，而是源于心底的自信

人人都渴望成功，也知道在成功前必须要经历种种挫折。在他们看来，困难是必然的。可是有一天，当在通向梦想的路上真的遇到困难时，他们却止步不前了。这是为什么？是因为他们害怕经受挫折吗？

当然，这是其中一个原因，他们被困难阻住了脚步，再也没有勇气向前奔跑。还有另外一个原因，那就是他们在等，等待运气的降临，等待着有一天，可以不用经受挫折的磨砺，让运气带着自己走向成功。

相信依靠运气可以成功的人，就好像是相信上帝可以在天上给自己扔下大把的金币，让自己可以不费吹灰之力地富起来。这只能是一个笑话，一个成功路上让人捧腹的笑料。没有人的成功可以靠运气得来，所有的成功都是源于心底的自信，源于追求成功者一种由内而外的信念：我一定可以做到，一定可以成功！

有一个著名的寓言是这么讲的：

苏格兰王子布鲁斯带着自己的军队,与外国侵略者展开了激烈的对抗。由于兵力悬殊,一连七次大战下来,他都失败了。他带着大军连夜撤退,已经完全丧失了自信。其实不止他丧失了信心,他的一些忠诚的部下已经开始在撤退途中向上帝祷告,祈求上帝给己方一些运气,以便可以转败为胜。

但是上帝始终没有眷顾他们。他们边战边退,直到有一天,布鲁斯王子在一所破旧的民房里看到了一张蜘蛛结网,战争才有了转机。

他发现,那一只小小的蜘蛛在猛烈的风中结网,每一次吐出的丝都被风吹断。一连七次,这只小蜘蛛都没有把网结成,但它的信心似乎很强,一点也不在乎眼下的窘境。终于,在第八次的时候,这只小蜘蛛取得了成功,结成了一张漂亮的蜘蛛网。

蜘蛛的精神感动了布鲁斯王子,他把自己的不自信收了起来,用斗志昂扬的声音告诉自己的将士:我们是最优秀的战士,一定可以打败敌人,把侵略者赶出去。

结果,他真的带领士兵打败了敌人,取得了战争的胜利。

苏格兰王子之所以可以取得胜利,当然不是因为上帝给了他运气,而只是因为他从蜘蛛结网的故事中明白了一个道理:只有心底的自信才是成功强大的动力。的确,他的成功,仅仅只是换了一种心态而已,从颓废的不自信,走向了斗志昂扬的自信。自信和不自信,只是一字之差,结果却是天差地别。

我们每个人都是自己内心世界的设计师,也是自己命运的设计师。我们要想获得成功的命运,就只能把自己的内心世界设为自信而非其他。

当我们自信满满的时候,就会全心全意、心无旁骛地去做一件事情,直到成功。很多时候,自信给我们的不仅是一个美丽的梦想,还是一股奋发的力量。但是反过来,如果仅依靠运气就想成功的话,就会产生一种坐等运气到来的颓废心理,退一万步讲,就算真的有足够的运气,但如果没有积极的自信心,恐怕也会与成功失之交臂吧。

追求成功就要像青年男女谈恋爱一样，只有充满自信，才能用最强烈的方式、尽最大的努力去争取爱情。可是如果想依靠运气来获得爱情，那就慢慢等着吧！也许有一天，那个姑娘傻了，或者会考虑接受你的爱。

3.

强大的内心足以战胜一切困难

二百年前，丹麦有一位思想家叫做克尔凯郭尔。他一生贫困，生命也很短暂，但因为内心强大，他的一生都充满了快乐。因为对于他来说，在生活中从来就没有过什么困难，只有渴望成功的自信。

内心强大的人，永远都是成功青睐的对象，永远都是精神的贵族。

那么，什么样的人才是内心强大的人？

在生活中，我们常常会被环境所支配，也会被他人的评价所影响。我们会觉得活得很累，会觉得精神很迷茫。所以很多时候，我们只记得低着头向前奔跑，却忘记了给精神上一个充足的供给。内心强大的人，正是能给自己精神上一个充足供给的人。

真正内心强大的人，对一切困难无所畏惧，对一切险境处之泰然。他们面对失败从不气馁，相信自己可以战胜困难，从头再来；面对成功不骄不躁，宠辱不惊。无论外界有多少诱惑、多少挫折，他们都心无旁骛，固守着心中那份坚定。

可以说，一个内心强大的人，永远可以轻松战胜一切困难，活得淡然而又富有活力，成功在他们眼里只不过是明天的事，手到可以擒来。反过来，一个内心不够强大、不够自信的人，任何一点小的困难都会把他击垮，使他站不起来。

1858年，瑞典的一个富豪人家生了一个女儿。这本来是件值得开心的事，但是很快，这家人就发现了一个让人难以接受的事实：这个孩子患上了一种难以解释的瘫痪症。也就是说，这个孩子将不能走路。

一家人在伤痛之余，都慢慢地接受了这个事实。就连这个慢慢长大的孩子，也开始慢慢习惯了自己不能走路的事实。她知道，自己这一生是再也无法走路了，很是难过。

有一次，这个女孩和家人一起乘船旅游。在茫茫的大海上，水手告诉一群孩子，船长有一只美丽的天堂鸟。天堂鸟会有多漂亮啊，女孩的心立刻就被吸引住了，很想亲自去看一眼船长的天堂鸟。于是，保姆把她留在甲板上，自己跑去找船长，希望能征得船长的同意，让这个孩子看一看天堂鸟。

等了一会儿，还不见保姆过来，女孩开始着急起来，她已经等不及要看天堂鸟了。于是，她请求旁边的水手带她去船长室看。水手答应了，可是他却并不知道这个小女孩不能走路，牵着她的手就朝前走去。

小女孩知道自己不能走路，可是，不能走路又怎么去看天堂鸟呢！她告诉自己，为了看天堂鸟，就必须要站起来，心须要走过去才行。在那一刻，她忘掉了自己不会走路的事实，心中只有一个目标，那就是自己一定可以成功地走过去，看看美丽的天堂鸟。

奇迹发生了，在水手的牵引下，小女孩居然站了起来，慢慢地朝前走去。她可以走路了！那种连医生都束手无策的病，居然被一个看天堂鸟的愿望给治好了，这简直是一个医学史上的奇迹。

这件事让这个小女孩明白一个道理：只要内心强大，只要有强烈的自信，就可以战胜一切困难。因为这件事的影响，女孩长大以后非常的自信，在她眼里，没有自己无法完成的事情。

事实上也确是如此，这个女孩在后来创造了一个文化史上的奇迹。她就是获得诺贝尔文学奖的第一位女性作家——茜尔玛·拉格萝芙。

这是一个很有意思的故事，茜尔玛·拉格萝芙的内心可以分为前后两个阶段。前一个阶段，她很脆弱，内心有过彷徨，有过挣扎，而她最终屈服了，在医生的诊断面前向命运屈服了。于是，她只能告诉自己，一生再也无法走路。其实在那个时候，如果她可以给自己一些自信，让内心变得强大起来，是完全可以走路的。

一直到后来，一只天堂鸟击碎了她脆弱的内心，她告诉自己，一定要站起来，一定要去看天堂鸟。于是，她真的站起来了。

很多时候，在困难面前，不是我们无法战胜困难，而是由于我们内心不够强大。这就如同走在山涧的独木桥上，内心强大的人告诉自己：怕什么，这也算困难？我很容易就可以走过去了，就像是走在大路上一样。于是，天大的困难也是小菜一碟，他们很容易就走过去了。而内心不够强大的人，看到下面是深不见底的深渊，已然吓得两腿打颤了：这么危险，怎么能走？万一掉下去怎么办？有了这种想法，就算是有人在后面扶着他，也不可能过去。

这就是内心强大和内心不够强大的人的区别。

可以说，内心强大是一种好的心态，而内心不够强大是一种坏的心态。一个人的好心态和坏心态，就如同是一页书的正反面，正面是天使，反面是魔鬼。当然，天使让我们走向成功，而魔鬼让我们远离成功。很多时候，我们会一不小心翻到了这页书的反面，把魔鬼留在了心里。不过没有关系，我们既然明白了这个道理，那就再把它翻回来，让天使充溢于我们心间。

成功或者不成功，在大多时候，都取决于我们的内心。翻到这页书的正面吧，让天使帮助我们走向成功。

4.

摒弃自卑，没有谁是十全十美

什么是自卑？关于这个问题，斯宾诺莎回答得最妙：由于痛苦而将自己看得太低就是自卑。所谓自卑，就是低估自己的能力，觉得自己各方面都不如别人。可以说，自卑是一种性格上的缺陷，是一种极度缺乏自信的表现。

一个人若被自卑感所笼罩和控制，他的精神世界就会遭到严重的束缚。即便他是一个很聪明的人，在自卑感的摧残之下，他的聪明才智和创造能力也必定会被拴上锁链，无法伸展。

自卑感就像是一个大毒瘤，一旦在某一个人身上安营扎寨，就会让这个人毫无根据地臆想出自己的许多弱点，觉得自己处处事事不如别人。更有甚者，它还会让这个人过分夸大自己的弱点，把一个极小的弱点无限地放大，然后再去和别人的长处相比较。如此一来，这个人身上就全是弱点而没有优点了，他只能生活在比别人矮上一头的世界里。

当然，自卑感对人的影响还不止于此。当人们在受挫的时候，如果自卑感过分强烈，就会不能冷静分析受挫的原因、不能正确对待自己的过失、不能认真思考别人对自己的评价，更不能充分理解身边人的良苦用心。他们只会钻进一条死胡同，认为是自己的无用，导致了事情的失败。他们会为此变得消沉，变得颓废，从而彻底丧失了自信心，再也没有走向成功的动力。

其实，在很多时候，这个挫折，只是一个极小的问题，如果稍加努力，他们就可走向成功。所谓的自卑，只是我们自己在潜意识里给自己施加的一道枷锁，而开启这道枷锁的钥匙，恰恰就在我们自己手中。

十几年前，有一个小伙子考进了北京的大学。他从一个偏远的北方小城而来，他所在的那个小城市，仅有20多万人口。

第一次站在这座熙熙攘攘的大都市面前，他惊呆了，这和他生活了十几年的小城市完全不同。走进北京，他感觉自己就像书中所写，忽地变为了刘姥姥，闯进了精美绝伦的大观园。一股强烈的自卑感，压得他喘不过气来。

而恰恰在这个时候，与她邻桌的女同学第一句话就问他："你从哪里来？"

这句话就像是一剂猛药，不过并非是解毒而是催化，使他的自卑感变得更为强盛。在他的逻辑里，出生于小城，就等于没见过世面，就意味着小家子气。他有些害怕，怕那些来自于大城市的同学会笑话他，会瞧不起他。

于是，就因为这个女同学的一句话，使他整整一个学期都不敢和同班的女同学说话，他用自卑感完全把自己封闭了起来。以至于学期结束的时候，很多同班的女同学都不认识他。

他没有告诉过任何自己心里那种难以言喻的自卑感，而是让自卑的阴影牢牢占据着自己的心灵。不和人交往，不和人说话，成了他在大学初期的主流色调。就连每次照相，他都要下意识地戴上大墨镜，以掩饰自己内心的自卑。

直到有一天，他从同学的眼里看到了满满的真诚和善意，才幡然醒悟：原来没有人会看不起自己，一直以来，都是自己在害怕同学会看不起自己。心灵之门的钥匙，其实就握在自己手中。

在那一刻，他放下了自卑，获得了重生。

当然，他成功了，大学毕业后他成为中央电视台著名的节目主持人，经常对着全国几亿观众侃侃而谈。在电视节目里，他从容而自信，他的名字叫白岩松。

我们为什么要去自卑？在白岩松的故事里有这个答案：怕自己不如别人，会被别人看不起。中国有句老话说得好："金无足赤，人无完人。"没有任何一个人可以是十全十美的。或许别人会有许多我们没有的东西，比如丰富的学识、娇美容貌等。但是请相信，一定也有很多东西，我们有而他们没有，这是我们骄傲的资本。要知道，在这个世界上，不会存在着十全十美的人。

那么，我们又何须为自己的一点点劣势而妄自菲薄呢？在很多时候，我们大可以挺起胸膛，拍着胸脯告诉周围的人：我不比任何人差，我能行！如果可以找回这样的自信，那么相信成功就会向我们走来。

只要我们心中充满了自信，只要我们可以摒弃自卑，只要我们看得起自己，成功就会像过山车一样呼啸而来。不要以为做到这些会很难，我们需要做的，仅仅是端正自己的心态而已。正确地评价自己，发现自己的长处，肯定自己的长处和能力，然后再对自己说一句话：世上从来没有十全十美的人，自己也是。即便是自己有弱点，那也不需要自卑，每个人都有自己的弱点，只要肯正视自己的弱点，我们就不会比任何人差。

请记住：这是自信，而不孤芳自赏、夜郎自大；更不是盲目乐观、得意忘形，这只是让自己走向成功的一种积极和乐观的心态。这其实是一剂灵丹妙药，可以让我们摒弃自卑，走向成功！

5.灰心丧气只能与成功失之交臂

在生活中，有很多东西我们无法去左右，比如环境的恶劣、条件的不足、突如其来的困难等。这些因素常常会出现在我们追求成功的路上，给我们造成很大的麻烦。当然，最大的麻烦是阻住了我们前进的脚步，让我们无法继续向前奔跑。

这就如同去爬山，我们走着走着，忽然发现前面有一块巨石，正好挡在路的中间。这块石头太大，我们既绕不过去，又跳不过去，只好在这里暂时停下，希望可以找到办法突破障碍。可是想了很久，我们也没有想出好的办法来。那怎么办，是进是退？

这个时候，我们无外乎有两个选择：一个是不在这困难面前低头，想办法解决问题，以期冲出困境；另一个则是灰心丧气，觉得无路可走，只能原路返回。这两种选择所要付出的代价不同：誓不低头，就要付出更多的努力，用百倍的自信和千倍的汗水去杀出一条血路。那块拦路石不是很大吗？那就用凿子一块块把它凿开，打通一条通往山顶的道路；而灰心丧气地退回，需要付出的则是失望带来的心理压力。这就注定只能与成功失之交臂。

如果是你，你会怎么选择？

有一个小伙子很是优秀。上学的时候，他学习成绩出类拔萃，又是学生会主席，一度春风得意。大家认为，他的前途会一片光明。可是谁也没有料到的是，本该他留在省城教书的名额，却被一个有权有势有后台的人给抢走了。而他本人，则被分配到一个偏远的农村去做中学老师。

他一直都有很强的自信，觉得自己是最棒的，他咽不下这口气，决定不去农村教书，而是留在省城打工。他告诉自己，要混出个样子来，给那些人瞧瞧，抢了别人的名额并不了不起，自己创造出一片天地才是真的了不起。

他从一个小广告公司的业务员做起，掘到了人生的第一桶金。然后就跳出来自立门户，开了一家教育培训中心，专做中小学生的课外辅导。他的精明干练再加上活络的人脉，使他的公司在这一行里很快脱颖而出，成为了佼佼者。而他自己，则跻身于千万富翁的行列，娶妻生子，一家三口，其乐融融。

只是，他对这一切并不满意，他渴望的成功并非是成为一个千万富翁就此止步。他想成为亿万富翁，他想要自己的财富排在中国的前几位。离目标越来越近使他的心开始急躁起来，在一次重大的投资失误之后，他赔光了自己手中所有的钱。一夜之间，他从千万富翁变得一贫如洗。

而他的困境似乎还并不止于此。妻子眼见如此，认为他再也没有东山再起的希望，不愿意后半生跟着他受苦，于是同他离了婚，带着年幼的儿子远走他乡。

他的人生走到这里，似乎狠狠地顿了一下，留给他的仅是一个遥不可及的梦想和一个不算完美的过去。那段日子，他灰心了，也丧气了，以前的自信全部不翼而飞。他甚至认为，要想得到像以前那样的成功，已经是不大可能，更不用说那亿万富翁的梦想。

卖掉了宝马车，付清了跟着自己打拼的员工们的薪水，他手里剩余的钱，仅够他买一张回乡下老家的车票。看着那薄薄的几张钞票，他忽然泪流满面。自己的一生，难道真的要在乡下老家度过吗？

他在家里消沉了一个月，每天都会躺在床上，静静回忆着自己以前的种种经历。他甚至有种感觉，自己的心里已经没有了一点力气，再也无法站起来了。

有一天下了大雨，他躺在床上，瞪着眼睛看着窗外的瓢泼大雨。在雨中，有一株父亲刚栽的小树。那棵小树是如此的脆弱，如此的不堪一击，一阵大风刮过，就从中间折断了。他叹了口气，自己何尝不是那株小树呢？

第二天是个大晴天，当他从床上睁开眼睛的时候，第一眼就看到了那棵小树。不错，就是那棵小树。虽然在昨天的风雨中被拦腰折断，但它依然站了起来。是父亲，用两根木棍给它做了一个夹板，让它又挺直了脊梁。这个时候在阳光的照耀下，那株小树正悄悄地吐着新绿，哪有一点灰心丧气的影子？

他忽地一下从床上坐了起来：没错，自己就是那株小树。他忽然醒悟：既然自己以前可以从一无所有挣到千万家产，这个时候，为什么不可以还从一无所有起步？在那一瞬间，所有的灰心与丧气都悄然远去，他的自信，慢慢回归。

第二天一大早，他就动身回到了省城，应聘了一个小公司的销售，从最底层做起。他相信自己只要像以前那样努力，就一定可以做到最好。果然，在他呕心沥血的努力下，没过多久，他的业绩就开始直线上升。

很快，他就积攒了几十万的资金，这笔钱成了他再次创业的起步资金。他开始再次招兵买马，创办了一家商贸公司。这次他小心翼翼、兢兢业业，生意越做越红火。只用了三年，他又一次成功跻身千万富翁的行列。

他笑了，他对自己说：不要着急，用不了多久，我一定能成为亿万富翁。这一次，他充满了自信。

看看，有时候成功往往就是这么容易，当然，这需要我们在逆境中找到自信。倘若一味地灰心丧气下去，那么注定只能与成功失之交臂。古人用灰心丧气来形容一个人在困境时，极度缺乏成功的自信和战胜困难的欲望，相当有意思。什么是灰心？灰心就是心如熄灭了的死灰。当一个人的心里没有一点成功的希望，没一点战胜困难的自信时，只能如同熄灭了的灰尘，没有一点燃烧的火星，这是最可怕的一种心理魔咒。

如果中了这种魔咒，而我们不去加以破除的话。那么遭到一丁点困难，遇到一丁点挫折，我们就会经受不住，会失去走出困境的信心。即便这个困难很小，这个挫折根本就不值一提，我们也会退缩。当然，也会与成功失之交臂。

6.

从来不说“我不行”

生活中,有很多人喜欢把自信挂在嘴边,他们经常对自己说:我要自信！对朋友也说:为了走向成功,我一定要自信起来。可是,只是嘴说有什么用呢？自信的表现形式不是在嘴上,而是在脚踏实地的行动上,只有切切实实在行动中自信起来,才能真正走向成功。

世界上所有的事情都是说起来容易做起来难。我们嘴巴一张,自信两个字就会从嘴里飘然而出,既空灵又飘逸,可是做起来就确实有些难了。在通向成功的路上,自信两个字背负着成功的希望,极少有人可以自信而轻松地到达成功的目的地。大多时候,人们是艰难而又自信地达到成功。自信和艰难,似乎成为了一对不离不弃的兄弟。

这其实很容易理解。像《西游记》里唐僧师徒所取得成功要经历九九八十一难一样,每个人想要取得成功,都必定要经历一番艰难。这是上天刻意的安排,“不经一番寒彻骨,哪得梅花扑鼻香？”要想成功,就必须要经过艰难的洗礼,才能脱胎换骨。而自信,正是经历艰难时不可或缺的一种积极信念。

正是因为成功的路上有太多的艰难,所以当很多人真正开始行动的时候,会被重重困难吓倒,会不由自主地说“我不行”,“我做不到”！在说这话的时候,他们的自信也开始荡然无存。真的是“不行”吗？真的是“做不到”吗？当然不是！他们之所以会这样说,是因为畏惧占了自信的上风,他们给自己下了一个绊儿,仗还未打,就已经打算摇旗投降了。

如果是这样,那他们百分之百会输。因为他们把自己的自信夹在这句话中说了出去,他们已经没有成功的自信了。即使是一个很小的挫折、很小的困难,他们也难以跨过去。是他们主动抛弃了成功。

那我们到底应该怎样做？很简单,保持自信,从来不说“我不行”。如果一定要说一声给自己助威的话,那么就说“我一定行!”

19世纪,一些有胆识的人开始向天空中飞行的鸟儿学习,探索在天空飞翔的奥秘。但是,社会上的权威人士纷纷出来阻挠,并且明确告诉他们:人类不可能飞上天空。最早用三角方法来测量月亮与地球距离的法国天文学家勒让德甚至断言:制造比空气重的装置是绝对不可能飞上天空的。这是科学的论断,不容置疑。

不只是他,还有很多科学界的权威人士,例如法国大发明家西门子,以及能量守恒定律的发现者之一,德国物理学家赫尔姆克茨等,都表明了这一观点:机械装置不可能飞上天空。他们用各种科学的方式加以论证,只是想告诉那些妄想飞上天空的人:别再做梦了,连我们都做不到的事,你们不行的!

真的不行吗?很多人都不服气,莱特兄弟就是其中之一。他们通过反复的试验,终于得出了一套自己的结论:只要研究出合适的装置,人类可以飞上天空。

这对当时的科学权威来说,无疑是一个巨大的挑战,引起了科学界很大的震荡。很多人出言指责莱特兄弟,可是他们不为所动。他们对于自己的判断,有着无比强烈的自信。怀揣着这种自信的梦想,他们于1903年驾驶着飞机飞上了蓝天,成为了人类航天史上的英雄。

我们来看,莱特兄弟为什么会成功?很简单,他们只是用自己的自信,对自己说:不要在意别人的看法,相信自己的能力,就一定行!在社会的巨大阻力面前,他们不为所动,不妥协、不放弃,不说“我不行”,最终取得了成功。

在很多时候,成功的能量就来自于这句简简单单的话,对自己说:“我能行!”千万不要把“我不行”当做了口头禅,那样只会在我们心里留下一种信息,一种自己真的无法做到的信息。一旦这种信息在我们心里长驻下来，那么无论我们做什么事，都将再也难以成功。

一定要记得：永远也不要说“我不行”，这是一种坚定的信念和执著的追求，是一种勇气，更是一种可贵的自信。应该说，这是一种难能可贵的品质，这种可贵的品质，将带着我们在成功的路上越挫越勇。

7. 你相信自己，成功才会相信你

美国第28任总统威尔逊说过：“要有自信，然后全力以赴。假如具有这种观念，任何事情十之八九都能成功。”我们细细品味这句话，确实很有道理。

如果我们在脑海里有一种观念，有着强烈的自信，做任何事情都相信自己一定可以，那么我们的潜意识会把这种成功的信念，变成实实在在的行动。当在追求成功的路上，我们用这种实实在在的行动，一步一个脚印，坚定不移地向前走的时候，成功已经离我们不远了。反过来，如果我们不相信自己，那么我们的潜意识会把这种自卑的念头变成失败的行动。

相信自己，其实就是一种无与伦比的自信，就是在面对困难、挫折和新的挑战时不折服、不胆怯。相信自己的人，心底总有一种声音：世上没有可以难倒我的事，我可以做到！拉罗什富科说过：“我们对自己抱有信心，将使别人对我们萌生信心的绿芽。”岂止是别人？只要我们相信自己，成功就会相信我们。

我们来看两个小故事：

故事一：小泽征尔是日本著名的音乐指挥家，他曾被誉为“东方卡拉扬”。有一次在欧洲参加音乐指挥家大赛，当拿到评委交给他的乐谱后，他就有条不紊做起了赛前准备。按照习惯，他会先快速地看一下乐谱，当时也并未发现有什么不妥。可是在他全神贯注地指挥乐队的时候，忽然出现了一些问题。

他发现，乐曲中出现了一些不和谐。由于事先并没有发现，他就先入为主地以为是乐队演奏错了。于是，他指挥乐队停下来重奏。这次他小心翼翼，生怕再出现一点纰漏。但是，演奏到刚才那个地方的时候，不和谐再次出现。这次他肯定自己的指挥没有错误，那么就只剩下一个可能了，是乐谱有问题。

他很快向评委们反映了情况，但是评委们却都认为那只是他的错觉，乐谱不可能有问题。那些评委，全部都是国际音乐界的权威人士，他们的一致肯定，让小泽征尔开始犹豫了：难道真的是自己的错觉？

这个念头在他脑海中只是一闪而过，他很快就否定了自己的犹豫，决定相信自己。他相信，以自己的能力，不可能会看走眼更不会产生错觉，自己的判断一定是对的。于是他斩钉截铁地对评委们说："不，一定是乐谱错了！"

他的声音很大，充满了铿锵坚定的力量，所有人都听得清清楚楚。在他以为自己要被驱逐下台的时候，所有的评委都站了起来，用最热烈的掌声向他表示祝贺。

确实是乐谱有问题。这只是评委们精心设计的一个小圈套，用以测试指挥家们在发现错误，在权威人士的否定下，还能不能坚持自己的判断，去相信自己。评委们告诉小泽征尔，只有具备这种素质的人，才是世界上最出色的音乐指挥家。

事实上，小泽征尔当年还算不得很出色，可是正是由于相信自己，充满了信念，他最终走向了音乐界的最巅峰，获得了成功。

故事二：弗兰克林是英国一位相当有才华的生物学家，在1951年的时候，他从自己拍摄的X射线上发现了DNA的双螺旋结构。他本打算为自己此次的发现做一次学术演说，但因为受到权威人士的诘难，竟然犹豫了。他不但不去相信自己，坚信自己是对的，反而认同权威人士的看法，公开承认自己的发现是个错误。

但是不是错误历史终究会知道，两年之后，也就是 1953 年，科学家沃森和克里克也发现了同样的现象，他们迫不及待地向世人展示了自己“新”的发现，提出了 DNA 双螺旋结构假说，为生物科学打开了崭新的一页。

1962 年，沃森和克里克因此获得了诺贝尔医学奖。

很可惜，如果能够相信自己，拥有足够的自信，这个奖原本应该是弗兰克林的。因为他不够自信，成功也就离他远去。

其实无论是小泽征尔也好，弗兰克林也好，他们的才华和能力，都足以冲上成功的巅峰。可是为什么小泽征尔可以成功，而弗兰克林只能感叹世事无常？原因无他：只是因为后者不够相信自己。其实他只需要多给自己一点自信，告诉自己：我不会去在意别人的看法，我相信自己是对的！我能行！如果他肯这样做的话，那个诺贝尔奖项，怕是要易主了。

李小龙有一首诗《想要飞扬》写得很有意思，我们来共同品阅：

如果你认为被击败，那你必定被击败。
如果你认为不敢，那你必定不敢。
如果你想胜利，但你认为不可能获胜——
那你一定不可能得到胜利。
如果你认为你会失败，那你就已经失败了。
因为在这个世界里，成功是从一个人的意志开始。
而意志全靠精神。

写得多好！如果我们像诗中所写的那样，认为自己会失败，而不去相信自己，那么，失败就真的来了。一个人相信自己的意志，可以使他战胜任何困难。任何一个人，除了要有远大的志向和顽强拼搏的毅力外，还要具有强烈的自信，相信自己一定行。

如果我们想要成功，就收起那些所谓的口头禅吧！“我已经做了很大努力，还没有成功，没希望了！”“我脑袋笨，这件事我做不了！”“我天生就是个笨蛋，怎么可能获得那样的成功？”请记住：没有谁是天生的笨蛋，如果你真的很笨，那只能是后天你给了自己一个笨的假象。你真的笨吗？不，一定不是！李白不是说“天生我材必有用”吗？任何人都能成为一个天才，但前提是，你得相信自己。

成功就像一面有魔力的镜子，你有什么样的态度，就能照出什么样的结果。你笑它也笑，你哭它也哭；你不相信自己它也不相信你；你相信自己它才会相信你。

第三章

目标面前，你付出了多少执著

人生犹如航行，有了目标才会有持久的方向。但是，有了持久的方向，我们就一定能够乘风破浪，划向成功吗？未必！在航行的途中，总会有狂风巨浪呼啸着向我们冲来，会把我们冲得七荤八素，从而偏离了航道。可想而知，一旦偏离航道，迎接我们的，只能是与成功擦肩而过。我们该怎么做？我们要咬紧牙关，顶着滔天的巨浪，不放弃、不后退，用坚持赢得成功。

1.

明确的目标是成功的前提

在生活中，我们总想着要成功。那么，什么才是我们想要的成功？给自己设定一个恰当的前进目标，达到了，即为我们的成功。

可以说，目标是成功的前提，一切成功都是从设定目标开始。如果没有目标，我们就如同漂泊在茫茫的大海上，没有方向，无所谓前进或者后退，最终消沉陨落。再神奇的射箭高手，如果没有目标，他将射向何处？空拉着一张强有力的弓，却无法放手一搏。

要想走向成功，就必须给自己一个明确的目标。即使具有坚毅刚强、刻苦奋斗的品质，如果缺少明确目标的指引，我们在人生的旅途中就只会感到失落与茫然，而不会有奔跑的欲望。目标可以产生信念，而坚定的信念又能促使追求者尽快实现目标。

我们可以毫不犹豫地放言：如果没有明确的目标，再优秀的人也终将一无是处。

张小姐搭乘出租车时，亲眼看到前面出了一场车祸。有一辆空载的出租车因为违章驾驶，不小心撞到了前面的一个中年妇女。小张在惊恐之余，自言自语地说："这司机也是的，空车驾驶，怎么还不好好开，偏偏会撞到人呢？"

正在驾驶室里开车的司机听到了，接过话茬说："正是因为是空载，所以才会出事。"

张小姐感到很奇怪，问道："这是什么道理？没有人的时候，司机不是更轻松吗？"

司机说："没有人的时候，司机就没有了目标，他要东张西望地寻找目标啊。这就造成了注意力不集中，也许他本来想向左转，可是忽然又想到右边搭车的人可能会多一些，于是转而向右。如此一来，当然容易出事了。"

"如果拉到了客人，有了明确的目标，他们自然可以小心翼翼地开车，安全地到达目的地。"

张小姐恍然大悟。

这个小故事很清晰地告诉了我们一个道理：有了明确的目标，我们才能专心致志地前进，不会被漫无目的的窘境所困扰，才能少走弯路，更快更有效率地走向成功。这也可以很好地说明，明确的目标是走向成功的前提。

周总理年少的时候，给自己设定了一个明确的目标：为中华之崛起而读书。他用了一生的时间朝着这个目标前进，不彷徨不退缩，所以他成功了，唤醒了中华。苏轼年少时也给自己定下了明确的目标：发奋识遍天下字，立志读尽人间书。他寒冬酷暑，苦读不辍，所以他成功了，成为一代文豪。

其实生活中还有许许多多的人，因为有了明确的目标而走向了成功。或许你就是其中一个。但是，也有很多的人，因为缺少了明确的目标，最终只能与成功失之交臂。

1952 年 7 月 4 日，是一个不一般的日子。这天清晨，美国的加利福尼亚海岸下起了浓雾。在雾中，一个名叫费罗伦丝·查德威克的 34 岁女人准备见证她一生的奇迹。她要从卡塔林纳岛下水，游向对面的加州海岸。如果成功，她将是第一个游过这个海峡的妇女。

在此之前，她是游过英吉利海峡的第一位女性。这次所有的人都很看好她，包括在现场进行拍摄的各大新闻媒体，也包括千千万万个坐在电视机前观看现场直播的观众。

海水很冷，但她经验十足，知道自己在预定的时间内游过去不成问题。起雾了，雾越来越大，大得她看不到身后的护航船，更看不到前面的目标。此时她很安心，因为她听到了身后护航人员开枪打跑鲨鱼的声音。

时间一分一秒地过去。15个小时很快就过去了，她开始有些焦虑。冰冷的海水开始使她的身体变得麻木，饥饿感在这个时候也适时地找了上来。冷和饥饿开始折磨着她的神经，她瞪大了眼睛，想看看目标究竟还有多远，可是却什么也看不见。"或许，还得游好一阵子呢！可我实在是游不动了！"她在心里这样对自己说。

于是，她请求护航船上的教练拉她上船，她太累了。教练告诉她，目标就在前面不远了，就快到了，再坚持一会儿！可是目标在哪儿？哪儿才有她明确的目标？前方所有的一切，都隐藏在白茫茫的一片雾气之中。她忽然感到，自己已经找不到方向了。

于是，她再次请求上船。没有办法，教练只得拉她上船。直到上船以后她才知道，离目标只剩下半英里了。就是那半英里的距离，使她功败垂成。

当记者采访她的时候，她沮丧地告诉记者："如果当时能够看见前方的目标，我一定能够成功。"

是的，如果能够看见前方的目标，她就一定能够成功。半英里的距离，对于她来说，只不过是咬咬牙，再坚持一下就可以了。可是因为找不到明确的目标，她在心海里渐渐迷失了方向，最终只能以失败而告终。事实上，在两个月后的某一天，她再次挑战这个海峡。因为当天天气非常晴朗，她可以望着目标前进。结果呢？她不但轻松游了过去，而且还创下了比男子快了大约两个钟头的纪录。

原因无他，因为这次，她有了明确的目标。

没有明确的目标，人生就会失去希望，就会失去坚持下去的理由。如果没有了坚持下去的理由,再强悍的力量也如同是泄了气的皮球,变得不堪一击。

明确的目标是成功的前提,有了明确的目标,我们才可以扬起风帆,喊着号子向前冲。也唯有如此,我们才可以走向真正的成功!

2. 没有目标,再多付出也是白费工夫

对于没有目标的人来说,人生只是意味着吃饭和睡觉,这两种行为是人类的本能活动,是人就必须要做,无论是聪明还是傻子;对于没有目标的人来说,岁月的流逝只是意味着年龄的增长,平庸而又寂寞地日复一日重复着自己,永远没有成功的欢悦。

在人生的路上,没有目标的人也会付出努力。他们会很努力地工作,很大方地挥洒着自己的汗水。可是,有什么用呢?就像是一头勤奋的老牛,辛辛苦苦地耕了一辈子的田,却不知道自己为什么要耕田一样,它把力气出在了哪里,自己根本就无从得知,付出再多,又能如何呢?

如果一个人也是如此,那么我们只能说:付出再多的工夫,只要没有目标,那就只能是白费。明确的目标是人迈向成功的第一步。无论任何人,要想走向成功,则必须给自己制订一个明确的目标,否则只能是白费工夫。

事实上,生活当中有不少人终生都像梦游者一样,漫无目的地生活。他们有着自己一套"固定"的生活方式,辛辛苦苦地干活,却从来不问:"我的目标是什么?我想要过什么样的生活?"他们甚至不了解自己在做什么,只是想当然地认为:我一直都在这样做,还这样做,就对了。

于是,这类人花费了很多的工夫,等到五十年过后,他们还在这样下

着工夫。唯一的不同是，岁月使他们的面容由年轻变成了苍老。而成功，依旧离他们非常遥远。

小刘今年30岁，大学毕业已经五六年了，可是依然一无所成。五六年的时间里，他工作就换了不下十份，而且对每一份工作也都很勤奋，可是到今天为止还是在原地踏步走。他很纳闷：自己真的就这么差劲儿吗？

他的第一份工作是在一家规模不小的公司负责企业管理，他工作很认真，对于手头上的工作总是会很认真地完成，很得领导器重。可是做了一段时间之后，他就厌倦了这份工作，每天都是如此，为什么不换份有意思点的工作呢？

于是，他辞职了，另外又找了一份工作。新工作也算不错，有很大的发展机会，领导给他许诺，只要好好做，升职加薪没有问题。可是一段时间之后，他又开始厌倦了。他认为，以自己的能力，再找份像样的工作绝对没有问题，不必在一棵树上吊死。

很快，他又把这份工作也辞了，找了一份业务员的工作，因为他听说，跑业务能挣钱。但是一个月以后，他连一个客户也没有拉到。这样的结果让他无法接受，他觉得自己不适合做业务员。匆匆忙忙拿了一个月的工资，就又递了辞呈。

就这样，他不停地换工作，一个接着一个地换。对于每份工作他都很努力，也都很认真，只是时间一长，他就会觉得枯燥和乏味，想着另外换一个工作。他从来不知道自己到底想要什么，更没有给自己设定一个目标，只知道工作是为了生活，为了填饱肚子。

频繁的跳槽使他一事无成，直到30岁，看到别的同学都事业有成时，他还在迷茫：我想要的是什么样的生活？

其实在生活中，像小刘这样的人很多。他们和很多懒人不同，对于自己的工作总是能够勤奋尽力地去完成。但是，他们只知道干活，却不能给自己的劳动设定一个远期的目标。他们就如同老话里说的一样，“做一天和尚撞一天钟”，只要能挣得钱给今天花，管明天做什么！

没有目标，使他们虚度了光阴，只能生活在浑浑噩噩的自我世界里。他们所付出的努力只能如同用脚使劲踢在海绵上，再大的力度也无法踢出一个脚印。

很多时候，人生就像是在沙漠中行走，当我们的前后左右全是茫茫黄沙时，我们总会迷路。要知道：世界上没有永远走不到尽头的沙漠，沙漠之所以会让人走不出去，是因为在沙漠中的人会丧失了目标。我们迷路就是因为丧失了目标。这个时候，如果我们不给自己找一个目标的话，无论走得有多么辛苦，那也注定只能渴死在沙漠之中。

不要说找不到目标，只要我们用心去找，总会找到的！在沙漠中，不是还有北斗星吗？

3.

方向错误，成功就会背道而驰

世界上有将近一半的人正在从事着与自己性格格格不入的工作，他们只知道在工作中埋头苦干，任劳任怨，而却从不考虑其他。他们认准了一个道理：只要不畏艰险、百折不挠，只要咬紧牙关、奋勇向前，那么就一定会走向成功。

可是他们真的成功了吗？

平庸就如同一个挥之不去的梦魇，紧紧跟着他们，从早到晚，一步不离。他们流的汗水吃的苦不比任何人少，可是他们的脚步却仍然无法踏上成功之路。这是怎么了？难道说，是他们不够聪明，注定无法成功吗？当然不是！每个人都可以成功，他们也是！之所以会如此，是因为他们从一开始就做错了一件事。

那就是——选错了路的方向。

没错，他们从一开始，就走上了一条南辕北辙的道路。这条路注定了他们无论怎么样努力，只能是离成功越来越远。方向错误，成功就会背道而驰。他们虽然目标远大，可是在追求成功的时候却不愿意多加思考，拿起来就做。结果方向错了他们却不自知，还在一味地努力下去，那么，只能是与成功越来越远。

一旦选错了方向，那只能说，我们的汗水和辛苦全都会是白费，而且还白白浪费了许多时间。想想看，青春有限，我们的人生，能允许自己几次选错方向？所以说，在追求成功的道路上，我们千万得慎重，不要走错了方向。

有则很有意思的寓言是这样讲的：

有个人养了一头驴和一只哈巴狗。驴子长得结实有力，干起活来又快又好，让主人很是满意；哈巴狗长得小巧玲珑，乖巧可爱，会演许多小把戏，很讨主人欢心。每天在闲暇之余，主人总是喜欢把哈巴狗抱在怀里，玩乐一番。

慢慢地，驴子的心里开始不平衡起来，它觉得命运对自己很不公平，自己要拉磨耕地，还要到树林里去驮木材，干繁重的工作才能让主人满意。而小哈巴狗，只要哄主人开心，就能得到好吃的奖励。

它决心要努力改变这种状况，让自己可以轻松就能得到主人的欢心。

有一天，机会来了，它发现自己的缰绳已经快被磨断了。于是使劲儿一挣，就挣断了缰绳，跑到了主人房间里。它决定学习哈巴狗的策略，用最轻松的办法去讨得主人的欢心。它围着主人跳舞，又蹦又踢，却把桌子撞翻了，桌子上的碗碟摔得粉碎。

主人的脸色变得难看起来。驴子心想，绝招还没有用完呢！于是，它扑到主人身上去舔他的脸。这下子可把主人吓坏了，他扯开嗓子大喊救命。当邻居听到喊声冲进来的时候,驴子正在幻想着主人会奖励自己什么好吃的呢。

当然,它吃的是邻居枪里的一颗子弹。

我们来看,驴子的失败可以说是一个悲剧。它所渴望的成功是想得到主人更多的喜爱,想得到主人的奖励。如果,它依照自己的本性,按着自己原来的路去走的话,多干活多下力气,成功不是什么难事。可是它却偏偏给自己找了一个错误的方向,并且天真地以为,这是一条捷径。却不曾想到,这只能使它离成功越来越远。

生活中其实有很多像驴子一样的悲剧。不是他们不能成功,只是选错了方向,仅此而已。相反还有很多人,看似不能成功,但他们却用自己过人的智慧,给自己的人生选择了一条正确的道路。于是,他们在看似不可能成功的情况下,依然获得了成功。

19世纪末,一个男孩降生于布拉格一个贫穷的犹太人家里。在时光的飞逝中,男孩的亲人们发现了一个让人很难接受的事实:男孩一天天长大,却没有半点儿男子汉气概,他似乎天生就内向懦弱、敏感多虑。他像一只小老鼠一样,老是觉得周围的环境对他产生了很大的威胁和压迫,使自己不得不在防范和躲避的心理下惶惶不可终日。

他的父亲非常地焦虑,他希望自己的儿子是一个不折不扣的男子汉,具有风风火火、宁死不屈、勇敢坚强的性格,而不是像现在这样。于是,父亲对他的管理严格了起来,简直是以粗暴的手段对他进行培养。

但遗憾的是,父亲的培养不仅没有使他改变性格,反而使他更加的自卑和懦弱。生活中的每一个细节、每一件小事,对他来说,都是一个灾难。他一直在惶恐中,孤单而又寂寞地生活着。他问自己,真的要按照父亲的意思去生活,去赢得人生的成功吗?自己能做到吗?但另一个声音却在心底说:你做不到,那个方向不是你该选的方向，从那条路走你只能与成功背道而驰。

他相信了自己的内心，没有遵从父亲的意思，既没有去做士兵冲锋陷阵，也没有去做律师决战法庭，而是拿起笔写起了文章。他知道，这个方向才是自己通往成功的方向，只有朝着这个方向走去，才能实现自己的人生价值。

他真的选对了方向！在这个方向上，他就像是一个真正的战士，一路雄赳赳地奔赴成功而去。他就是后来世界上最伟大的文学家——卡夫卡。

在追求成功的路上，往往会出现很多岔道口，但正确的道路却只有一条。选择对了，我们就可以悄悄地接近成功，走向成功；但是如果选择错了，成功就会与我们背道而驰，无论我们花多大的力气也是枉然。

不要总是抱怨不成功，仔细看看你脚下的路，是通向成功正确的方向吗？如果方向错了，你就得问问自己：为什么会选错方向？是不是自己付出的太少了？毫无疑问，在选择通向成功道路的时候，你少付出了一份仔细和认真。

所以一定要记得，方向选错，成功只会与我们背道而驰。只有选对了方向，我们才能拥抱成功。

4. 有了目标就要为目标执著努力

人有了目标，就有了前进的动力。但是，在追求目标的过程中，纵然我们动力十足，却仍然无法避免一种情况，就是对目标、对自己产生的怀疑。

在爬山的时候，我们每走一段路程，都会抬头望望山巅——我们的目标。有时候，目标会被山上的云雾所遮盖，让我们无法透视，这个时候我们的心里会有一种茫然的感觉：前方是我们追求的目标吗？有时候，虽然没有云雾遮掩，我们可以清晰地看到目标，但我们的心里还会有一种感觉：走了这么许久，为什么目标还是那么远？

对，这就是我们的怀疑。正是因为有了这种怀疑，我们的心开始动摇，会觉得也许自己无论怎样努力都不可能达到那个目标。于是我们放弃了努力，放弃了我们对目标的执著追求。这个时候，成功，真的离我们远去。

这是我们的可悲，是所有不能坚持不懈、不能执著于目标的人的可悲。那么，在通向成功的路上，我们还要去演绎这样一个可悲的角色吗？

曾经有一个男孩，他出生在偏远的家村，家境贫寒。在他的记忆中，每当下雨的时候，都会有雨水从房子的破洞中落进来。一家人挤在蒙蒙细雨中休息，成了他童年最痛苦的记忆。

直到上初中，他才走出了村子，来到了县城。在一次的作文课上，老师让学生们写下自己的理想。他的作文很长，洋洋洒洒写了好几千字。在作文中，他详细描写了自己的理想，说自己在将来想拥有一栋全中国最好的大厦。他把大厦里的每一个细节都用还略显稚嫩的笔墨写了下来，写得井井有条。不仅如此，在作文的最后，他还画出了这栋大厦的设计图。

虽然，那不能称得上是真正的设计图。但至少，他的“大厦”看起来很气派。

这样的一篇作文交上去之后，老师把他批评了一顿。并把他叫到办公室里进行批评教育：“这就是你的理想吗？小小年纪就开始做白日梦了？这样的大厦在全中国也没有几栋，你怎么能建得起来？你们家什么都没有，你拿什么建大厦？”

末了老师对他说：“你这篇作文，根本就是不切实际，我实在无法给你及格。如果你肯重写一个比较靠谱一点的理想的话，也许我会给你打一个高些的分数。你回去好好想一想吧!”

这个男孩带着疑惑回到了自己的宿舍。他不明白,自己这个梦想,怎么就成了不切实际!这可是他从小就立下的志向啊!经过再三的考虑,他没有听从老师的建议,依然把这篇作文交了上去。他告诉老师:“这是我从小立下的志向,我会为此而奋斗,我一定会坚持不懈地走下去,一定不会后退!”

初中毕业,他考上了县城最好的高中;高中毕来他又考上了全国最有名气的大学。在梦想的道路上,他所付出的努力是别人的10倍、20倍之多,但却从来没有想过放弃。从初中时的那篇作文开始,直到30年之后,他终于获得了成功,实现了自己的梦想。

他在北京,拥有了一幢属于自己的大厦。他把当年那位老师请到了自己的大厦里做客,让老师见证自己的成功。那位老师不得不为自己当年的错误向他道歉,但是他却对老师说:“其实我是应该谢谢您。一直以来,我都把拥有一幢大厦当做自己的一个幻想,但是在那堂作文课上,它却清晰了起来。我告诉自己,一定要做给您看看,那并非不切实际,而是一个实实在在可以达到的目标。这么些年来,我受了很多的苦,但却一直在努力,一直在坚持,从不放弃。我相信自己一定会成功。”

他成功了!他以自己的亲身经历告诉了我们一个简单的道理:选择好了目标就一定要坚持下去。只有持之以恒,才能走向成功。

相信故事中的小男孩还有很多话没有对他的老师说,就是他在追求成功路上所遇到的种种困难和辛酸。这种困难,在任何一个成功了的人身上绝对不会鲜见,因为这是人生成功必须要经历的步骤。但是他却没有说,在他看来,用执著的态度去追求成功,是再正常不过的事情。执著的努力是成功的先决条件。

所以,如果不成功,你是否该好好想一想,你付出了多少执著?

5.

任何时候，绝不轻言放弃

一个年轻人在冬天的时候为了找些柴火取暖，就砍掉了一棵死果树。但是，让他想不到的是，第二年春天的时候，从砍掉的树干上，又绽出了很多新芽。原来，这棵树并没有死。年轻人不由得发出感慨：不要在冬天的时候砍掉一棵树，因为你可能会做出错误的判断。

我们来看，这个年轻人之所以会砍掉这棵树，是因为他认为这棵树已经死了，不可能再开花结果。那么，他为什么会这么认为？因为在冬天的时候，这棵树光秃秃的，毫无生机，给他造成了一种假象。

在我们追求成功的路上，这种假象比比皆是。很多时候，我们会遇到困难和挫折，这些困难和挫折可能会让我们看不到成功的希望。这是我们追求成功路上的“冬天”，这个时候我们会产生一种错觉：成功再也无法到来。

于是，我们轻言放弃了。我们就像那个年轻人一样，砍掉了这棵原本在春天还会开花结果的树。与此同时，我们也失去了，失去了这个获得成功的最好机会。像这样的放弃，在我们的生活中有多少？我们静下心来好好想过了吗？如果好好想一想我们就能明白，我们一次次放弃的，其实是一次次成功的机会。

但是，也有很多人会认为自己很聪明，放弃了那棵“树”也没有什么大不了，不值得可惜，大不了再种上一棵。可是，他们却忘记了，当放弃成为一种习惯的时候，就会忘记执著。而忘记了执著，我们将永远无法成功。《士兵突击》里的成才，不就是一个很好的例子吗？

如果不肯多付出一些努力和执著的话，那就不是成功远离了我们，而是我们抛弃了成功。所以，无论什么时候，我们绝不能轻言放弃。咬紧牙关坚持下去，成功必定会属于我们。

沙漠中,有一只小小的蜥蜴。在一望无际的沙漠中,它是那么的微不足道,可是,它也有自己的梦想,一个极小的梦想。

它的梦想,就是要等到一滴生命的露珠。因为它需要靠露珠滋润,艰难地生活,顽强地生存。可是沙漠中的一滴露珠哪能这么容易得到?那需要夜间的湿雾慢慢在植物的叶尖形成一滴露水,能被不经意的风吹落,能刚好被小蜥蜴等到,它会以最快的速度去接住这颗露珠。

所有的这一切,造成了小蜥蜴这个小愿望很难实现。可是,它却从不气馁,更不轻言放弃。它会在烈日下足足等上几个小时,忍受着炙热的煎熬,只为了那万分之一的希望。

这只小蜥蜴就这么静静地等着。它没有考虑风会不会刚好吹过;也没有考虑露珠在还没有落下前会不会被太阳晒干;更没有考虑,在露珠落下的那一瞬间,自己是不是能够准确地接到。它只知道,自己还有希望。

有个过路的旅客看见了,他没有去打扰正在努力的小蜥蜴。

小蜥蜴是那么专注,那么的努力,以致完全忘记了炙热的阳光。

傍晚的时候,旅人回来时又路过这里。他发现,经过一天的炙晒,小蜥蜴已经被晒死了,而那滴露珠,也早被太阳晒干了。

他叹了口气:小蜥蜴如此的坚持,如此的不轻言放弃,可是,还是与成功无缘。他心里空落落的,把死了的小蜥蜴捡起来,小心翼翼地装进了喝完水的矿泉水瓶子里,想把它拿回去做个标本。

让他没有想到的是,几个小时之后,在瓶子中水汽的滋润下,小蜥蜴居然又活了过来。它成功了,小蜥蜴得到了它想要的成功,得到了“露珠”。虽然这个“露珠”并非原来那一颗,可是,它还是成功了。

很多时候，我们不轻言放弃，也许就会出现奇迹。在我们追求成功的路上，有可能就会遇到像小蜥蜴一样的困难。只要我们不轻言放弃，那么这困难，总会有迎刃而解的一天。我们必须要相信，哪怕此时是在漆黑的夜里，只要心中怀有希望，只要执著地坚守着一个信念，我们就可以守过黑夜，迎来黎明。

绝不轻言放弃，是用一颗永不服输的心，去克服重重困难，突破瓶颈。

在走向成功的路上每个人都会遇到困难，都会有不如意的时候，也都会有灰心丧气的时候。情况虽然恶劣，但是我们千万不能做出消极的决定，也千万不要在情绪低落时做出最重要的决定。我们要以一颗坚韧的心守候下去，相信暴风雨一定会过去，晴天终会来临。

我们要如同鹰一般，虽然飞上天空需要经过很多的摔打和搏击，但只要不轻言放弃，就一定能够成功地翱翔在天地之间。

正如张雨生歌中唱的那样："面对着充满希望的人生，努力永远不会太迟。"不管我们遭受了怎样的困难，只要不轻言放弃，只要埋头努力，就终会有成功那么一天。歌德说得好："希望绝不会离开，即使在坟墓之旁。"

你记住了吗？在追求成功的路上，这，也是我们需要付出的！

6. 永不服输，跌倒了爬起来再走

曾经有人做过这样一个实验：把一条小鲨鱼放进一个透明的长形水箱之中，水箱中间有一块透明的隔板，会把小鲨鱼和一群小鱼隔开。小鲨鱼看见那群小鱼，会兴奋地快速游过去，但却一头撞在了隔板上。刚开始的时候，小鲨鱼不以为忤，但是三番两次地撞在那块隔板上之后，它撞疼了，便不再打算过去捉小鱼来吃。

这个时候，实验者悄悄拿走了那块隔板，但是小鲨鱼惧怕疼痛，却再也不肯往有小鱼的那边游了。因为害怕失败，这只小鲨鱼白白丢掉了一顿丰盛的大餐。

在生活中，有很多人也因为害怕再次失败，在遇到困难、挫折时，选择了认输，从而白白失去了成功的机会。

在通往成功的路上，我们每个人其实都一样，都是在不断摸索着尝试着向前。为什么？因为成功没有固定的模式可言，无迹可循。如果一定要找出所有成功人士所走之路的相同点的话，那么只有一点，就是困难和挫折。没错，所有的成功之路，都一定会由困难和挫折组成。就像所有的彩虹都会风雨之后才出现一样，所有的成功也都藏在困难和挫折之后。

困难和挫折有时候看起来的确吓人，它们会在我们面前以一种庞大的姿态出现，会让我们产生一种高山仰止的无力感，会让我们迷茫。大多遇到这种困难和挫折的人都会产生这种感觉，所不同的是，真正的强者，永不服输，会觉得山再高也总有爬上去的那一天；而性格软弱的人，则被困难和挫折吓倒，从此一蹶不振，就像那条小鲨鱼。

有句话说得好："我是自己命运的主宰，我是自己灵魂的领导。"这话不难理解，就是告诉我们心态主宰着我们的一切。当我们有着永不服输的积极心态时，成功会自然向我们走来；当我们有着认输的懦弱心态的时候，成功就会离我们远去。仔细想想也是，困难和挫折真的有那么可怕吗？即便它们看起来真的"高大威猛"，那又如何？只要我们把心态调到永不服输这一"档位"上，就敢去藐视它们，战胜它们。

而成功，恰恰就是在这个时候向我们走来。永不服输，跌倒了再爬起来，是走向成功必须具备的素质。

哈特是一名成功的企业家，受到很多人的尊敬。

这天，他刚从自己的办公楼里出来，就遇到了一个人。这是一个盲人，他用竹竿嗒嗒嗒地敲打着地面，正好来到了哈特先生的面前。感觉到前面有人，这个盲人立马停住了脚步，笑着说道："您好呀，尊贵的先生。您也看到了，我也是一个可怜的盲人，行行好，您买一个打火机吧！只需要一美元，我的生活可就靠它了呢！"

哈特没有接盲人递过来的打火机，只是叹了口气对他说："虽然我不需要打火机，可是，我还是愿意帮你。"说着，他让助手给盲人100美元。接过钱的时候，那个盲人激动得声音都有些颤抖了，他摸索着抓着哈特的手说："先生，您真是一个好人，上帝会保佑您的。谢谢您！"

感觉到盲人的开心和满足，哈特微微一笑，带着助理打算离去。这个时候，他听到了盲人在身后自言自语："眼睛如果不瞎该多好啊！我也可以挣大钱，也可以成功！我本来也不是天生的瞎子，只是18年前纽约的那场大火改变了我的一生。"

"纽约的大火？18年前？"哈特转过身来，"你说得是18年前化工厂爆炸的那场大火吗？"

"是啊，先生，您知道那场大火？那场火真可怕！"盲人见引起了这位好心人的注意，话也多起来了，喋喋不休地讲起了自己的遭遇，希望能得到更多的同情和施舍。"我的眼睛就是在那时失明的。那次真的是死了好多的人啊！到处都是熊熊的大火，浓烈的黑烟呛得人睁不开眼睛，所有的人乱成了一团，都拼命地往外挤。我本来是可以逃出去的，但是有一个人却在后面使劲地大叫：'我不想死，我还年轻，我要出去。'他推了我一把，把我推倒在地，而他，却踩着我的身体逃了出去。"

哈特沉着脸，一句话也没有说，静静地听着。盲人继续在回忆自己痛苦的往事，"先生，您知道吗？我醒来时知道自己眼睛瞎了有多么的悲痛，我什么也干不了，成了一个废人。我年轻时有很大的梦想，如果不失明，我现在一定很成功。那个人跑了出去，他一定混得很好吧……"

"请等一等。"哈特打断了那个人的话，"先生，据我所知，事实并非像你说的一样。当时我也在化工厂，我记得清清楚楚，是有个人踩着我的身体跑了出去。而那个人，正是你。你说的那几句话，一直到今天，我还记忆犹新。”

盲人大吃一惊，问道：“这怎么可能，我跑了出去，成了瞎子，而你没有跑出去，如今却成了大老板，还这么有钱！上帝真是太不公平了。”

哈特淡淡一笑，用手中的手杖使劲地敲了敲地面，地上发出嗒嗒的声音。“你错了，我也是个瞎子，上帝是公平的！”

“可是，你为什么这么富有，这么成功？”

“很简单，我告诉自己，那只是一次小小的挫折，只是跌倒了而已。我还告诉自己，只要爬起来，即使没有了眼睛，我还有双手，一样可以做出一番事业来。我爬了起来，所以，我成功了！你没有爬起来，所以只能生活悲苦。”

看完这个故事，我们能想到些什么？哈特也是一个盲人，但是他却攀上了成功的高峰。他的成功其实很简单，只不过是在那次摔得很惨之后，以常人难以想象的毅力又站了起来。虽然站起来之后，他已经变得一无所有，包括自己的眼睛。可是他却没有退缩，而是把困难踩在了脚下，永不服输，爬起来再走。

这其实也是成功路上的一种选择。选择认输或者不服输，就在我们一念之间。当我们永不服输时，内心深处就会有一种越挫越勇的斗志，这种斗志挟带着我们的勇气，以一股排山倒海的劲头向前冲。冲到最后，胜利就会属于我们。

而不敢，也不愿爬起来接着奋斗的人，则注定与成功无缘。

很多时候，不是我们无法成功，只是我们自己，选择了另外一种逃避的方式。雨果说得好：“所谓活着的人，就是不断挑战的人，不断攀登命运险峰的人。”既然我们活着，既然我们想要登上峰顶，既然我们想要成功，那就应该鼓足了斗志，不要服输，跌倒了再爬起来。

7.

成功的秘诀不过是：坚持、坚持、再坚持

孟子说："天将降大任于斯人也，必先苦其心志，劳其筋骨，饿其体肤，空乏其身，行拂乱其所为，所以动心忍性，增益其所不能。"这话我们从小就在读，那么读到现在，对于其包含的深刻意义，我们也理解得更为透彻。

没错，这话可以理解为，我们每个人在走向成功前，必须要经过一次充满痛苦、艰辛和坎坷的旅程才行。当然，只有坚持到最后的那个人，才能走向自己心目中的成功，才能被称之为成功人士，才能称之为"天降大任者"。

在追求成功的路上，我们所必须面对的是，要怎样才能达到成功？这我们在前面已经讲过了，在目标面前，我们必须执著地去追求，不放松、不放弃，才能最终走向成功。我们必须以"锲而舍之，朽木不折；锲而不舍，金石可镂"的态度去面对我们所走的路。纵然在路上我们必须面对太多的困难和挫折，但只要执著地坚持下去，总会有成功的那一天。

所以，我们可以给成功总结一个秘诀：成功的秘诀很简单，那就是坚持、坚持、再坚持！

成功源自坚持，河蚌想要成功，必须忍受沙粒的磨砺，坚持不懈。把沙子含在腹中，那是一种怎么样的痛苦？但一次疼痛，它坚持了下来；再次疼痛，它又坚持了下来。慢慢地，一颗光彩夺目的珍珠就在它的腹中诞生。河蚌是最弱小的生命，但是，最弱小的生命想要成功，也必须经过坚持、坚持再坚持的考验，更何况我们？

仔细数来，生活中因坚持而获得成功的例子不胜枚举。历史上赫赫有名的《史记》的作者司马迁，在身受宫刑之苦，被关进牢房之后，仍然忍受着身体和心灵的双重折磨，在牢房里坚持写《史记》。有大臣不忍看他如此受苦，便劝他说："你又何必如此执著呢？"谁料司马迁却说："人总是要死得或重于泰山，或轻于鸿毛。我不想半途而废，所以我一定要坚持下

去。"他坚持下去了,成功写出了《史记》。后世人对他的敬仰,其实就是对他坚持最大的回报。

想想看,如果没有坚持、再坚持地努力下去,他的《史记》何谈得以完成?五十二万字,如果半途而废的话,那么今天,怕是不会有这本奇书留存于世吧!

所以说,成功需要坚持,一定不错!无论我们想得到什么样的成功,都没有任何捷径可以走,唯一的秘诀只能是:坚持、坚持,再坚持!

新学期开学的第一天,老师布置了一道"作业"。老师说:"今天我们不上课,只做一件最容易的事,每个人把胳膊尽量往前甩,然后再尽量往后甩,每天只做300下。但有一点,一定要坚持每天做下去!"

学生们嘻嘻哈哈,觉得很好玩,这一天所有的人都做了,而且都做得非常的好。

一个月之后,老师做了一次统计,还有90%的人坚持在做。

第二个月后,老师又做了一次统计,这次仅剩下80%的人在做。

…………

一年之后,大家都升了一个年级,还是这位老师继续教这个班级。在新学期开学的第一天,老师问:"去年第一天我布置的那道作业,还在坚持的请举手。"大部分学生都忘记了,只有一个学生认真地举起了手。

这名学生,后来成为了世界上最伟大的哲学家,他的名字叫做柏拉图。

任何事业,任何我们想要的成功,都是成于坚持、再坚持,而毁于半途而废。在这个小故事里我们可以看到,世界上最容易的事是坚持,因为很多时候,想要坚持下去,我们只需要咬紧牙关忍一次,再忍一次,也就够了。只要我们愿意,任何人都可以做到坚持下去。

可是，在很多时候，坚持也是世界上最难的事情。因为在挫折面前，不是谁都可以咬紧牙关忍受下去的。或许在第一次遭受困难的打击时，他们就会半途而废。

还是巴斯德说得好："告诉你使我达到目标的奥秘吧，我唯一的力量就是我的坚持精神。"只有坚持、再坚持的精神，才可以使人走向成功。在目标面前，我们必须要执著地走这条坚持之路，否则，等待我们的只有失败的苦果。

法国19世纪的作家莫泊桑，被世人赞为"短篇小说之王"。但是，直到30岁时，他的作品连一篇也没有发表。那个时候，他已经写小说写了很多年，面对这种挫折，他的信心开始动摇，不愿意再坚持下去了。

姐姐看到这种情况，很是着急，就批评他"缺乏坚持的恒心"，并建议他去拜福楼拜为师。他听从了姐姐的建议，拜了福楼拜为师，并对福楼拜说了自己的困惑。福楼拜并没有对他讲一些大的道理，而是指着自己的作品说："当初我也跟你一样灰心过，动摇过，也曾想过半途而废。但是最后，我还是坚持下来了，我告诉自己，坚持下去，才会有成功的希望！"

莫泊桑恍然大悟，回到家里继续埋头写作，坚持了下去，不久就发表了自己的处女作《羊脂球》，从此一发不可收拾，成为大文豪。

这就是成功的秘诀。只要我们有了目标，选择对了方向，就不要怕成功路上的种种挫折和困难。记住：那并非是挫折，也并非是困难，而只是一次又一次的考验。既然谁都无法一帆风顺地走向成功，那我们就要学会坦然面对，学会用坚持不懈的执著，为自己打造一条通向成功的大道。

还请记住：我们之所以不成功，或许，正是我们的执著和坚持不够。在成功的路上，只要我们学会了坚持、坚持、再坚持这个通向成功的秘诀，就将无往而不利。

第四章

工作面前，你付出了多少勤奋

古罗马有两座圣殿：一座是勤奋的圣殿，另一座是荣誉的圣殿。每逢圣殿有活动举行，人们在安排座位时都有一个秩序，那就是所有参与的人必须先经过前者，才能到达后者。如此一来，那些试图绕过勤奋寻找荣誉的人，都会被荣誉拒之门外。勤奋是通向成功的必经之路，我们要想成功，谁都无法绕过勤奋。在工作面前，只有保持一颗勤奋之心，以勤奋的付出，才能获得自己想要的成功。

1.

勤奋是成功的不二法门

韩愈曾经有一句脍炙人口的名言:“业精于勤而荒于嬉,行成于思而毁于随。”我们只看这句话的前半部分,说的是学业上的精深,在于勤奋。事实上,不只是学业,我们做任何事情,都必须要勤奋地付出,勤奋是成功的不二法门。

今天的社会是一个充满机遇和挑战的社会,我们要想在走向成功的路上出人头地,脱颖而出,就必须要求自己付出比其他人更多的勤奋和努力。勤奋其实就是一种积极的心态,一种把惰性抛之脑后的积极心态。一个人有了这种积极的心态,就能够用勤奋挤出更多的时间去工作,自然而然,也就可以走向成功。

达·芬奇说:“勤劳一日,可得一夜长眠;勤劳一生,可得幸福长眠。”卡莱尔也说:“天才就是无止境刻苦勤奋的能力。”我们从伟人们的这些话里,可以很明显地得到一个事实:那些世界闻名的成功者,无不得益于勤奋。想想看,我们没有他们聪明吗?当然不!我们每个人都很聪明,也许我们比他们少的,仅仅是一个勤奋的积极心态。

大学毕业后,张华被分到县城去做中学老师,这是她的第一份工作。这份工作让她很不满意,不但地理位置偏僻,而且薪水十分微薄,要知道,在大学里她的奖学金可没少拿,而且还擅长写作。从优等生变成一个偏远中学里的老师,这样的心理落差让她一时很难适应。

但是，她却无能为力。于是她只能一面抱怨着命运的不公，因为没有关系就沦落至此，一面老老实实在县城里待了下来，掌鞭执教。她很羡慕自己那些工作体面、薪水优厚的同学，常常问自己：命运真的这么无情？大学时那些成功的梦想就再也无法实现了吗？

因为有了这种消极的心态，在工作中她再也提不起精神来，不愿意勤奋工作，不愿意勤奋写作，每天的工作只是马马虎虎草草了事。她最大的愿望是可以跳出这个小县城，找一份体面而且薪酬丰厚的工作，但却一直没有成功。

时间飞速流逝，很快两年时间就过去了。张华的惰性心理不但使自己的本职工作干得一塌糊涂，而且连她最擅长的写作也落了下来。大学时她发表过不少篇文章，但是在县城教学这两年来，她时间充裕，反而一无所获，连一篇文章也没有发表过。更可怕的是，她联系了好几家自己向往的公司，却没有一家公司愿意接纳她。

她颓废至极：难道，自己的一生就要在这里度过吗？

一天，学校里举行运动会，百无聊赖的张华也凑过去观看。中学里举行运动会，对于一个偏僻的小县城来说，算是一件大事，所以有很多人过来观看。这使得这个小小的学校操场被蜂拥而来的人群围得水泄不通。张华来的时候，操场外围已经是人山人海了，她个子不高，即便是踮起了脚也看不到里面的赛事。

她无奈地一笑，转过身来就想回去。但是就在这个时候，一个小男孩引起了她的注意。

这个小男孩个子不高，在拥挤的人群中更显得又矮又小。看年龄，也就在八九岁之间。他正在不知疲倦地一趟趟从远处搬砖头，一次两块，然后把砖头摞在一起。很显然，他也想看里面的比赛，但苦于个子太矮，根本无法看到，于是就想出了这个办法。

小男孩很勤奋，一趟又一趟地搬砖头，一直把砖头台子摞得有半米多高才停手不搬。张华不知道他搬了多久的砖头，这个时候只看见他累得小脸红扑扑的，甚至挂满了汗珠，但却洋溢着灿烂的笑容。

抹了抹汗，小男孩一步登上了那个台子，他居然比所有人都高了半头，赛场中的情况也自然一目了然。望着赛场的方向，看着精彩的赛事，小男孩的笑容更灿烂了。

张华愣住了，她觉得自己的心被狠狠地刺了一下。这就是成功，多么简单的道理啊！只要用勤奋给自己搭建一个台子，就可以比别人高出许多。无论之前自己有多矮，都可以透过密集的人群，看到最精彩的比赛。成功，真的就这么简单！

她没有再看比赛，而是回到宿舍开始构思自己的文章。在工作中，她也变了，变得勤勤恳恳，事事勤字为先，再也不用惰性应付工作，而是用辛勤的汗水去浇灌工作。她已经明白了，要想成功，唯有勤奋二字，别无捷径。

一年之后，她被评为优秀教师，而她的作品，也屡见报端，成为许多报刊的特约撰稿人。而且她还如愿以偿地走出了县城，成为一家知名报刊的专栏作家。

多年以后，她成为了最为知名的小说作家。

勤奋是通向成功的必由之路，更是通向成功的不二法门。任何人的成功都离不开勤奋。如果我们想要飞翔，那么勤奋就是翅膀，没有勤奋，再厉害的鸟儿也不可能有展翅高飞的一天。无论是谁，想要成功，就必须用勤奋向前冲。

正如故事中那位女主角，没有勤奋，她只能一事无成；有了勤奋，她却可以一飞冲天。勤奋其实很简单，只不过是把我们睡觉和虚度的时光集中起来，作为向成功迈进的动力。即便是强大如火箭，没有后面动力的推进，也不可能飞上天空。所以请记住：勤奋是成功的不二法门。我们要想成功，就必须学会勤奋。

2.

一勤天下无难事，成功就在勤奋中

俗话说“一勤天下无难事”，只要能以勤奋的态度对待工作和生活，那么，将没有任何困难可以难得倒我们。原因无他，因为勤奋是通向成功的万能钥匙，只要我们有勤奋的精神，那么所有的困难便不再成为困难，都可以迎刃而解。

这有些类似于蚂蚁吃虫子。假设困难是那只大虫子，而我们只是那只小小的蚂蚁，虫子在我们面前，绝对是如同大山一样的庞然大物。那么，我们要怎样才能不怕那只虫子？很简单，除了用坚韧和执著向其发动进攻之外，我们还必须以勤奋的心态来面对它。想想看，既然是困难，自然不可能一下子就解决，我们就必须做好打持久战的准备。而只有持久的勤奋，才能有足够的能量去战胜困难。

如果要想成功，我们必须要以蚂蚁吃虫子的精神，以勤奋去攻克难关，才能得偿所愿。当代物理学家钱三强说：“古往今来，凡成就事业，对人类有所作为的，无不是脚踏实地，艰苦攀登的结果。”一勤天下无难事，成功就在勤奋中，这是铁一般的事实。

在人生的跑道上，勤奋可以帮助我们战胜一切困难，所有的成功都在勤奋之中。很多人都喜欢去书籍中寻找成功的方法，捕捉成功的技巧，还有许多人喜欢从别人的成功经验里寻找自己的成功。但他们却忘记了一件最本质的事情，那就是自己的勤奋。

在通向成功的道路中，勤奋是最短，也是最长的途径。如果一项工作，别人需要十天完成，而我们通过勤奋，五天就很完善地做好这项工作，那么，是不是说，我们可以有更多的时间去做别的工作？是不是也可以说，我们可以比别人更早走向成功？当然！

1914年诺贝尔生理学和医学奖的获得者是奥地利科学家罗伯特·巴雷尼。这顶光环实在够大,可是谁又能想得到,在如此荣誉之后,巴雷尼付出的是怎样的勤劳和努力?

因为疾病,巴雷尼从小就成了残疾。看到他遭受如此大的磨难,母亲很是难受,她强忍着自己心中的悲痛,对巴雷尼说:"孩子,妈妈相信你是个有志气的人。身体的缺陷不算什么,你还有自己的双腿,你一定可以在人生的道路上勇敢地走下去!妈妈相信你!"

妈妈的话使他泪流满面,但是流过泪之后,他变得坚强起来。他相信,只要自己够勤奋,一定可以战胜眼前的困难。

从此以后,只要一有空,巴雷尼就在妈妈的陪同下练习走路。在渐渐可以走路之后,他还开始学着做体操以及别的体育运动,常常是累得满头大汗。有时候甚至是在睡觉的时间,他也偷偷地练习着走路,他想要快些战胜病魔。

在勤奋的锻炼下,他很快在病魔的打击下站了起来,经受住了命运的严酷考验。不仅如此,在病情稳定之后,他又开始了勤奋学习。战胜病魔的经历使他明白了,只要有勤奋的态度,就没有过不去的坎儿。只有勤奋,才能不为困难所阻,达到自己想要的成功。

在勤奋刻苦的学习下,他的学习成绩一直在班上名列前茅。最后,他以优异的成绩考进了维也纳大学医学院。当然,无论是在大学期间还是在毕业后,他都没有忘记用勤奋的态度去追求自己梦想中的成功。他的一生都勤奋地在耳科神经学的道路上奔跑,最后,终于站在了诺贝尔生理学和医学奖的领奖台上。

他用勤奋,向世人唱出了一首嘹亮高亢的成功之歌。

这就是勤奋的力量。在勤奋面前,所有的困难都弱小如蝼蚁。只要我们肯以勤奋做武器,那么,困难只能是不堪一击。

很多时候,我们总喜欢抱怨自己不够成功,是困难阻止了自己走向成功。那么请好好想想,和巴雷尼相比,我们的困难又能算得了什么?和张海迪相比,我们的困难又算得了什么?和贝多芬、海伦·凯勒相比呢?我们所谓的困难,真的无法和他们相比。我们之所以不成功,只是因为付出的勤奋不够。

一勤天下无难事,我们想要的成功,其实就在勤奋之中。

3. 勤能补拙,笨鸟先飞也能上前

谈起成功,很多人都会黯然失色。他们会告诉别人:我到目前为止,还没有成功。不错,是还没有成功,在工作上,他们远没有别人做得好;在事业上,他们远没有别人取得的成就高。但是,他们却很会自我安慰:没关系,我之所以没有取得成功,是因为我笨。上天给了我这么一个不太灵光的脑子,就只能做出这么点事来。

真的是这样吗?未必!

曾国藩是历史最有影响的人物之一,可谓是大名鼎鼎。然而,他在小的时候,脑袋却并不灵光,资质不高。

有一天晚上,他在家读书,对于一篇文章翻来覆去地读了很多遍,却总也记不住。因为他的脑袋不够聪明,所以只能一遍又一遍地重复诵读。这个时候,有一个贼潜入了他的家,家里就还只有他一个人没有休息。贼盼着等他读完书休息了,就可以偷点东西。

可是,左等右等,就是不见曾国藩睡觉。而且,还是一直翻来覆去地在读那篇文章。贼又冻又饿，实在忍不住了，就跳出来怒斥曾国藩："就你这脑子，还读什么书？我听都听会了，你还没有记住，真是羞煞了人！"说完，他将那篇文章从头到尾背了一遍，居然一字不差。背完后扬长而去。

贼很聪明，至少，他要比曾国藩聪明得多。可是，他只能被历史悄然淹没，而曾国藩，却成为历史中的一颗明星。甚至连毛泽东都钦佩地称他为："近代最有大本夫源的人。"曾国藩虽然没有那名盗贼聪明，但是，他却比他多了一份坚定的勤奋。用勤奋，他补回了自己先天的不足。

很多时候，只有勤奋才能补拙，即便是笨鸟，只要用足够的勤奋先飞一步，就依然会比别人更为出色，也更为成功。"勤能补拙是良训，一分辛苦一分才"，什么是聪明，什么是才？勤奋就是才！正如那名贼人一样，他听别人读书都可以听会，为什么会在历史当中籍籍无名？因为他没有用勤奋去开拓出自己的事业。再好的土地，如果不能勤奋地耕地和播种，只能是一片荒芜。

雷诺兹说："如果你富于天资，勤奋可以发挥它的作用；如果你智力平庸，勤奋可以弥补它的不足。"从这句话里我们可以看出，在追求成功的路上，没有"智力歧视"，只要有足够的勤奋，无论是天资聪颖也好，还是资质平庸也罢，只要有足够的勤奋，成功都会如期到来。

即便我们是一只笨鸟，但如果可以用勤奋的态度先飞起来，那么拙也就不再是拙，而会早早地到达成功的彼岸。

童第周是我国著名的生物学家，也是国际上有名的科学家。他是我国实验胚胎学的主要创始人，从事实验胚胎学的研究达半个世纪之久，为社会和国家做出了极大的贡献。虽然头顶的光环耀眼，可实际上，童第周并不是一个非常聪明的人。

他出于浙江省一个偏僻的小山村里，由于家境贫寒，从小就跟着父亲学习文化知识，直到 17 岁的时候才迈进了学校的大门。

底子太差，使他学习起来十分吃力。初中第一年，他的第一学期期末平均成绩才 45 分，成为学校考得最差的人。这样的学习成绩，学校自然无法容忍，于是就令其退学或者留级。家庭的情况童第周再清楚不过，他不愿意因为自己让父母的负担加重。在他的再三恳求下，学校同意他跟班复读一年。他答应学校，如果一年之后成绩还不能有所提高的话，只能是留级。

这也是他给自己立下的军令状。

从此以后，他就与路灯做了“朋友”。他天不亮就起来在路灯下学习外语；夜深人静，在宿舍熄灯后，他又在路灯下复习功课。每当困得支持不住的时候，他就告诉自己：笨鸟必须要先飞，才能飞得起来，不然的话，就一定会被淘汰。他真的飞起来了。再次期末考试，他的平均成绩达到了 70 多分。虽然离自己的目标还有一定的距离，但他知道，勤奋已经为自己赢得了一个好的开端！

他的座右铭是：别人能办到的事，我经过努力也能办到，世上没有天才，天才是用勤奋的劳动换来的！这个座右铭成为激励他一生的动力！

在比利时留学期间，他把自己的时间安排得更满，继续用勤奋给自己灌输知识。他的勤奋精神甚至让老师们都赞叹不已。获得博士学位回国后，条件非常的艰苦，但他始终相信，只要付出勤奋，任何困难都可以克服。他在昏暗的院子里没日没夜地进行科学研究，没有电灯，有太阳光；没有培养胚胎的玻璃器皿，有酒杯。最重要的是，他还有一颗勤奋努力的心。他始终相信，只要勤奋，笨不是问题，没有条件也不是问题，在勤奋面前，这些问题都可以迎刃而解。

而正是在这个简陋的“实验室”里，他和他的同事们完成了若干篇有关金鱼卵子发育能力和蛙胚纤毛运动机理分析的论文。这些和国外同类学术相比，也不遑多让！

童第周由于种种原因，虽然比别的同学慢了半拍；虽然有过考45分的经历，可是那又能怎么样？他不是用自己的勤奋证明给所有人看了吗？只要有足够的勤奋，就可以弥补一切不足，就可飞得很高、很远。

人生其实就是一场大型的飞行比赛，我们每个人都是参与者。或许和别人比起来，我们会有很多的不足，不够聪明、缺少能力、缺少学识，可是这些就能成为我们不成功的理由吗？当然不可以。我们可以以最原始，也是最有效的方式，以勤补拙，先飞起来。

只要我们这样做，就能占尽优势。想想看，在学习中，我们每天都比别人勤奋地多看两小时书，即便我们记得很慢，那么一年下来，我们能比别人多记住多少知识？在工作中，我们每天都用勤奋比别人多做一些工作，即便我们能力不足，那么一年下来，我们能比别人多做多少事情，能力会有多大的提高？

你敢想吗？正因为你不敢想，所以还没有成功！

勤能补拙，其实是一个最简单的道理。即便是一只笨鸟，只要肯用勤奋去努力拼搏，都会有成功飞远的机会！

4. 天道酬勤，只要努力就会有回报

一位哲人说：“世界上能攀上金字塔的动物只有两种：一种是鹰，另一种是蜗牛。不管是天资奇佳的鹰，还是资质平庸的蜗牛，能攀上塔尖，极目四望，俯视万里，都离不开两个字——勤奋。”

这话说得不错！我们姑且不去看鹰是怎么飞到金字塔之上的，鹰的天资奇佳，它能振翅飞到金字塔之上不足为奇。但是蜗牛呢？我们有没有想过，如果要爬到金字塔之上，它需要付出怎样的勤奋？这我们恐怕很

难想象！它需要一寸一寸缓慢地向上移动,用坚持不懈的勤奋向上攀登。倘若少付出一点勤奋,它就不可能攀到金字塔的最高点。

如果可以站在金字塔的最高点,俯下身来看那只正在往上爬的蜗牛,我们会发现,它每往上爬一点,就会离成功更近一点。这说明了什么？只要勤奋和努力,付出就会有回报。哪怕得到的回报极少,我们也会离成功更近一点。

关于勤奋,说天道酬勤或许会让人无法信服。很多人会说,哪里来得“天道”。那好,我们可以从科学方面来说明确实是“天道可以酬勤”。据科学资料研究证明,勤奋可以反复地刺激人类的脑细胞,并通过这种频繁的刺激把我们所获得的信息储存起来,如此一来,我们的大脑就可以储存更多的知识。同时,勤奋还可以提高头脑的灵活性,使人变得更加的聪明。即便是一些天资较差,头脑不太灵活的人,依然可以通过勤奋的努力变拙为灵。

总而言之,天道酬勤是一条亘古不变的真理。在追求成功的道路上,只要我们努力付出了,就一定会有回报。

爱因斯坦在幼年时智力发育较慢,经常会遭到同龄孩子的嘲笑。更为糟糕的是,居然连老师也不看好他。但是,在这样被人嘲笑的环境里长大的爱因斯坦,却用勤奋让所有人刮目相看。在学校里,他总是花更多的时间学习,来提高自己的学习成绩。在工作中,他最常做的事情就是,一天中大部分时间是在试验室里度过。

别人学习时他在学习,别人休息时他还在学习;别人工作时他在工作,别人睡觉时他仍然在工作。正是这样勤奋的钻研,使他成功了,并且以“相对论”闻名于世。他的成功正应了西方的一句谚语:天才是百分之九十九的汗水加上百分之一的灵感。他用自己的成功告诉了世人,天道酬勤,只要努力付出就会有回报。

我国著名的戏曲艺术家梅兰芳曾说过:“我是个笨拙的学艺

者，没有充分的天才，全凭苦学。”他这并非自谦，初学艺时确是如此。刚去拜师学艺时，师傅的一句话让他心里凉了半截，师傅说：“你长着一双死眼睛，灰暗、呆滞，根本就不是学戏的料。”虽然心里不是滋味，但他并没有气馁。他认死理儿，告诉自己天道酬勤，只要足够勤奋，就不相信学不成戏。

他更勤奋了，不但每天用更多的时间去吊嗓子、学唱戏，而且还喂了一大群鸽子。每当鸽子飞上天空的时候，他就用双眼紧紧地盯着鸽子，穷追不舍。他还养了许多金鱼，每天盯一阵鸽子，就低头俯视一阵子水底，双眼紧跟着遨游的金鱼，寻踪觅影。

经过多年的勤奋努力，他的双眼终于变成了一汪秋水，脉脉含情。他打破了师傅的断言，成为一代戏曲大师。

他的成功，也源自于勤奋。

这些名人们用他们自身的经历告诉了我们，不管自身条件如何，只要付出了勤奋，就必定会有回报。当然，在我们的生活中、工作中，并非只有名人的事例才能表现“天道酬勤”这句话所蕴含的道理，仔细回忆一下，在我们身边这样的人是不是很多？

肯定很多！在工作中，你在与别人闲聊的时候，是不是有同事正在勤奋地工作？你回家休息的时候，是不是还有同事在加班加点地做事？如果有，那么就不要奇怪，为什么你的工作总没有别人完成得出色；也不要去抱怨，为什么你的待遇不如别人！很简单的一个道理：别人付出了勤奋，而你，却没有！所以你只能看着别人成功而空自羡慕，这就是差别！

电影《风雨哈佛路》讲了这样一个故事：女主角出生于20世纪一个父母吸毒、酗酒的家庭，这样的家庭导致了她的童年没有受到过学校良好的教育。然而，当母亲死后，当自己一个人独自面对生活的时候，她才明白，原来幸福是应该由自己努力创造，而不能寄希望于他人。

于是，她上了一所半私立高中，自己打工挣钱交学费和维持生计。这对一个还未走上社会的小女孩来说，艰辛可想而知。但她咬牙坚持过来了，用勤奋构建着自己的成功梦想，仅用了两年便修完了从小学到高中的所有课程。她甚至赢得了纽约时代报纸的全额奖金并顺利地考入了哈佛大学。

很难想象吧！当我们用勤奋全力以赴的时候，就会在生活中创造出一个又一个的奇迹。在很多时候，这些奇迹，甚至连我们自己都不敢相信。当我们真的站在那些奇迹面前的时候，我们才会发出感慨：勤奋的力量真是强大！

还是那句老话，天道酬勤。在生活中，无论我们做什么，这句话一样适用。在通向成功的路上，这句话就如同是一把万能钥匙，可以打开任何一扇阻住道路的大门。只要我们能善加利用，就一定可以赢得成功。

当然，工作中也不例外。请记住：我们想要在工作中获得成功，那么勤奋就必不可少。只要付出了勤奋，就必定会有回报！

5. 懒惰是成功最大的敌人

我们已经知道了，勤奋可以使一个天资聪颖的人走向成功，更可以使一个资质不佳的人走向成功，无论任何人，只要拥有勤奋的态度，都可以走向成功。哪怕之前他们离成功很遥远，但依然可以通过勤奋来实现。

勤奋就像是成功的朋友，永远都和成功形影不离，成功走到哪里，哪里就有勤奋的身影。我们可以看看，在我们周围，是不是所有的成功都和勤奋是一对极好的朋友？肯定是！既然如此，我们就可以说，懒惰是成功最大的敌人。

卡莱尔说得好:“世界上只有一个怪物,就是懒汉。”懒汉们也想成功,但是在通向成功的路上,他们却总是懒于多付出一些努力。在工作面前,他们会通过“懒”的方式,让自己更为“舒服”一点。他们的想法是,少做点事,就可以多休息一会儿,玩当然要比工作好得多。他们甚至会嘲笑那些勤奋工作的人:这些人真傻,那么拼命做什么啊！还不如多休息一会儿!

这是他们对待工作的态度。有句老话说得好:你怎么对待生活,生活就会怎么对待你。好了,他们如此对待工作,那么在工作上会有所成就吗？很难！所以,他们只能眼睁睁地看着别人成功,而自己却在嗟叹中虚度年华。其实他们不明白的是,自己已经被成功最大的敌人——懒惰牢牢把握住了心神,如果不能用力挣脱出来,他们终将一事无成。

曾经有一位依靠慈善机构救助的失业青年写信给成功学家卡耐基,他在信里写到了自己的痛苦,说自己曾经多次求职,却总是遭到拒绝,他觉得自己的人生充满了灰暗的色彩,不知道该何去何从。他想让卡耐基帮助自己,给自己指点一条可行的道路。

卡耐基很愿意帮助他,就按地址找到了他的住处。在贫民窟里,他见到了这个青年。通过交谈,他发现这个住在贫民窟里的年轻人有着一颗不安分的心,很渴望成功做出一番事业来。只是,他却有一个很不好的习惯,那就是懒惰。

由于不够勤奋,这想成功的青年总是会被懒惰的习惯所左右,而他本人却难以自制。于是,他只能在懒惰中失去了许多成功的机会。很多事他本来会成功,可是却被懒惰击得溃不成军。这是他不能成功的主要原因。

卡耐基对他说:“你总是想做出一番事业来,但是,当真正面对着一份可以成就你事业的工作时,你却偷懒懈怠。懒惰是成功最大的敌人,如果你无法抵挡住懒惰的诱惑而身陷其中的话,那么你就很难有一个勤奋的开始。没有了勤奋的付出,你所有成功的梦想就只能是一句空话,你只能在这个无法实现的梦想中慢慢挥霍自己的青春。”

青年说：“我也知道懒惰是成功的敌人，可是却没有办法战胜它。它似乎无孔不入，总有许多懒惰的念头让我无法勤奋工作。”

卡耐基说：“要战胜懒惰并非难事，你可以给自己先找一份工作，每天咬着牙先从一点一滴做起，认认真真地干好每一天的工作。并且在生活中也要慢慢养成勤奋的好习惯，收拾收拾屋子，打扫打扫卫生，让勤奋劳动成为你生活中的一部分，成为一种习惯。这样坚持下去，你就会变得很勤奋。”

青年觉得眼前一亮，觉得自己已经找到了克制懒惰的方法。他听从了卡耐基的建议，不再接受慈善机构的捐助，开始了自己找工作的行程。但在大街上找了很久，却连一份合适的工作也没有找到。

直到有一天，他又走在街上，忽然发现许多公司的牌匾上落了很厚的灰尘却无人擦拭。他心中一动：这也许是个好机会。于是，他找到了公司的经理，对他说：“你们公司外面的牌匾上面落满了灰尘，会影响公司的形象，如果可以的话，我可以为你们擦拭牌匾，而且工钱很便宜。”

经理觉得这个意见不错，而且价格也确实不贵，就把这个工作给了他。

几个小时之后，这家公司门外的牌匾已经焕然一新。经理很是高兴，付了工钱之后还对他说：“这种服务不错，希望以后你还能提供这种服务。”经理的话使他心中一动：既然这种服务这么受欢迎，那么我为什么不专做这种服务呢？

说干就干，他很快用这次赚来的钱买了一些清洁用品，而且还用多余的钱印了一些传单，发给一些公司。很快，所有公司都知道了，有这么一个人，可以专门提供公司牌匾清洁的服务。由于价格便宜，没有什么市场竞争力，订单像雪片一样向他飞来，他也在勤奋的忙碌中改掉了自己的懒惰性格。

后来，他开了一家专做保洁服务的公司，招聘了一些工人，每天和他们一起工作。工作越做越大，而他自己，也越来越成功。

每个人都有懒惰的毛病，所不同的是人们对待它的方式。有的人懒惰，他会用勤奋死死地压制住懒惰，不让惰性有可乘之机，所以他们可以成功；有的人懒惰，他已经完全被惰性所俘虏，每天让自己跟着惰性去“尽情享受”，所以，只能失败。

其实懒惰不过是一种消极的心态，只要我们能坚持用勤奋的心态去克服，就终能战胜惰性。战胜懒惰不是个难事，我们可以用卡耐基教育青年的那种方法去做，从点滴做起，从小事做起，让勤奋一点一点地战胜懒惰。如此而已！

我们一定要记得，懒惰是成功最大的敌人。但是，这个敌人却很容易战胜，只要我们肯多付出一点勤奋，就可以做到。

6. 勤勤恳恳，每一分每一秒都不闲过

曾经听过很多人在抱怨：不是我不够勤奋，只是时间太少了，我再勤奋也没有时间做好这项工作啊！真的是没有时间吗？鲁迅先生曾说：“时间就如同是海绵里的水，只要你愿意挤，总还是有的。”所以，发出这样抱怨的人应该明白，并非是时间不够用，而是自己没有紧紧抓住每一分每一秒。

古人在读书的时候，讲究三上，一是马上，二是厕上，三是榻上，说白了也就是赶路的时候要读书，上厕所的时候也要读书，在睡觉前也要读

书。他们想要告诫后世子孙的是，必须要抓紧一切时间，勤勤恳恳地读书，才可能读出成绩来。

其实，不只是读书，无论做任何事情，我们都不要小看一分一秒的力量。菲·蔡·约翰逊说："时钟随着指针的移动滴答在响：'秒'是雄赳赳气昂昂列队行进的兵士，'分'是士官，'小时'是带队冲锋陷阵的骁勇军官。所以当你百无聊赖，胡思乱想的时候，请记住你手上有千军万马，你是他们的统帅。检阅他们时，你不妨问问自己——他们是否在战斗中发挥了最大的作用。"如他说言，我们要想让自己的这支军队在通向成功的路上发挥最大的作用，就必须要勤勤恳恳，把每一分每一秒的时间都合理运用。

赖斯是美国历史上第一位黑人女国务卿，她的奋斗历史堪称是一个传奇。只用了20年的时间，她就从一个备受歧视的黑人女孩变成了一个让世界为之瞩目的外交官。曾经的丑小鸭，在梦想的追逐下，悄然蜕变成一只美丽的天鹅。

她的成功历程并不复杂，她曾经告诉别人一个自己成功的秘诀，那就是付出了超出常人八倍的辛劳。可想而知，超出常人八倍辛劳的时间从何而来？当然是紧抓每一分每一秒，挤出来的时间！

赖斯10岁那年，全家人来到纽约观光旅游。去了纽约，当然要去白宫参观一番，可是当全家人兴致勃勃地准备进入白宫的时候，却被守卫拒之门外。原来，那个时候美国还是存在着很严重的种族歧视，黑色的皮肤成为她们全家无法进入白宫的唯一理由。小赖斯盯着前方的白宫，一字一顿地对父亲说："爸爸，总有一天，我会成为那房子的主人！"

父亲对女儿的志向大为赞赏，但他也告诉女儿，要想住进那所房子，就必须付出常人所无法想象的努力。父亲说："如果想要改善咱们黑人的地位，你就必须要取得非凡的成就。可是，非凡的成就需要付出非凡的勤奋。如果你能付出双倍的勤奋，就能取得白人一半的地位；如果你能付出四倍的勤奋，就能取得和白人一样的地位。当然，如果你可以拿出八倍的勤奋的话，就可以跑在所有人的最前面。”

父亲的话小赖斯牢牢地记在了心里，这成了她奋斗一生的动力。她知道，八倍的勤奋不可能从想象中凭空得来，那需要紧紧地抓住每一分每一秒，不放松、不懈怠，勤勤恳恳从努力付出中得来。她真的是这样做的，别人玩耍，她在学习；别人休息，她还在学习，她把自己空闲的每一分每一秒都利用了起来，用以学习。十年如一日的积累，使她学会了多国语言，法语、西班牙语、俄语等。而她的同学，则大多都只会一门外语。

因为她没有让每一分每一秒的时间闲过，这使得她比别人多了很多的时间学习。她很顺利地考入了美国丹佛大学学习，并在26岁的时候成为了斯坦福大学最为年轻的女教授。而在她这个年龄，很多人还没有读完研究生。

不仅如此，在紧张的学习之外，她还是能抽出时间来学习钢琴、网球、花样滑冰、礼仪训练等，而且还都学得相当出色。她的原则是，只要白人可以做的，自己也一定可以做；即便是白人做不到的，自己也要努力做到。

工作以后，她依然是用这种态度去面对自己的事业。用八倍的勤奋去做任何一件事情，成为了她的习惯。她永远都记得父亲的话，知道唯有如此，自己才能做得比白人更好，比所有人更好！

她真的做到了！她懂得的知识远比一般人要多，多的可以让她完全胜任国务卿这一职位。

想要成功，就要学会勤勤恳恳，牢牢抓住每一分每一秒，这是赖斯告诉我们的真理。所以，不要总是抱怨我们的时间不够用，不足以让我们走向成功。如果有这种想法，那么先请问问自己：真的去抓住每一分每一秒，勤勤恳恳地努力了吗？

很显然，如果我们可以如赖斯一样，挤出超出常人八倍的时间来学习和工作的话，那么，成功一定会属于我们！

7. 只有足够勤奋，才能足够成功

生活中任何事情都是有付出才能有回报，我们想要的成功其实就是一个回报，是勤奋付出的回报。所以无论做任何事情，我们都要勤奋。

如果我们想要得到足够的成功，就必须付出足够的勤奋。就如同我们在上面所讲的故事一样，赖斯的足够勤奋，是她比常人多出八倍的付出。或许我们和她的梦想不尽相同，但是，道理却一样，我们必须付出足够的勤奋，才能足够成功。

勤奋如同是木柴，而我们想要的成功则是茶壶里的水，在很多时候，我们感到水快开了，就少往炉子里扔了一块木头，结果呢？就因为缺少了这块木头，所以茶壶里的水迟迟无法烧开。就那么一块木柴的差距，足以产生两种截然相反的结果，一种是水开，一种则是不开。通向成功的路上也是如此，少付出一分勤奋，就不能到达成功的彼岸。

古希腊有一个叫德摩斯梯尼的演说家，因为小时候口吃，在登台演讲的时候，说话含混不清，而且发音不准，所以常常被对手压倒。但是他并没有气馁，而是相信一个道理，只要足够勤奋，就可以超过对手。

为了克服自己口吃的弱点，他每天口含石子面对大海朗诵。刚开始的时候，锋利的石子会把他的口腔都划出血来，但他仍然坚持着，不管春夏秋冬。他很勤奋，不仅每天口含石子练习朗诵，连爬山、跑步的时间也给利用了起来，边走边练习演说。

5年过去了，他用自己的勤奋改掉了口吃的毛病。可是，在面对对手的时候，他还是被打败了，对手的雄辩使他自叹不如。但他告诉自己：之所以还没有超过对手，是因为自己没有付出足够的勤奋，只要自己继续勤奋地练习，终将超过对手。

他又继续练习起他的演说，只是，比以前更加勤奋了。他始终相信，只要有足够的勤奋，就一定可以得到足够的成功。

10年、20年，他一直坚持勤奋地练习，直到50年后，他终于成了全希腊最为有名的演说家，而他的对手，却早已不为人们记得。

试想一下，我们有过这样的经历吗？一定有！或许在学习的时候，我们也勤奋过，但是一段时间之后，却没有取得自己想要的成绩，于是我们会告诉自己：付出这么大的勤奋也不能取得理想的成绩，不努力了！或许在工作的时候，我们也勤奋过，但是辛辛苦苦地忙了一段日子之后，我们发现业绩还是不甚理想，于是我们也告诉自己：勤劳工作也不一定会取得满意的结果，那还努力做什么啊！

所以，我们懈怠了！但是我们却从来没有考虑过：我们付出的勤劳真的够了吗？我们有没有像德摩斯梯尼那样，5年的勤奋不够，就用10年的勤奋；10年的勤奋不够，就用50年的勤奋。总有一天，当我们付出足够的勤奋时，我们就一定会得到足够的成功。

王羲之是我国东晋时的大书法家，他出身士族，从小就才华出众。但他的才华并非是天资聪颖，而是从后天勤奋学习中得来的！

他从小就喜欢写字，练字的时候，常常达到废寝忘食的地步，就连走路的时候，也都习惯用手指比画着练字。一想到有好的写字方法，他就会不知疲倦地用手指在自己的衣服上反复练习，日子久了，居然连衣服都划破了，他的勤奋在此可见一斑。

由于勤奋刻苦，他的字越写越好，人也越来越有名气。有一天，他到一个村子去，发现有个老婆婆拎了一篮子竹扇在街上叫卖。由于扇子平淡无奇，没有什么装饰，所以生意不好。王羲之见状，很同情那位老婆婆，于是上前对她说："婆婆，你这竹扇上没有字画，自然不太好卖，不如交给我，让我来题上字，你看如何？"

那位老婆婆一听大为高兴，于是把扇子交给了他。待到他龙飞凤舞地写完，拿给那位婆婆看时，那位婆婆却皱了皱眉头，对他说，写得太潦草了，不太好。那位婆婆不识字，作出这样的评价也属正常，大可不必计较。可是王羲之很认真，他觉得，好的书法就是要让所有人都觉得好，包括不认识字的人，自己虽然声名在外，可是还没有得到足够的成功，必须要付出更多的努力。

他继续勤奋地练习，几十年如一日，终于成为一代书法大家。

很多时候，我们会觉得自己付出了很多勤奋，就应该得到成功。可是不知为什么，我们得到的所谓的成功，却总是不能尽如人意。我们想要成为公司经理，可是过了好几年，还是在主管的位置上岿然不动；我们想要成为一名作家，可是写来写去，却总是只能偶尔发表几篇豆腐块……

这到底是为了什么？

很显然，这不是我们不够聪明，如果不够聪明，我们不可能成为主管，也不可能发表文章了；也不是我们没有付出勤奋，如果没有付出勤奋，我们只会是一事无成。如果要找原因的话，那只能是我们没有付出足够的勤奋。

请记住，付出的勤奋，和我们所得到的成功成正比！只有付出足够的勤奋，才能得到足够的成功！如果没有得到我们想要的成功，那只能表明我们付出的勤奋还不够！

第五章

机遇面前，你付出了多少主动

机遇是一种很奇妙的东西，像是一个武功绝顶的武林高手，来去无踪。来的时候，他重情重义，希望可以帮你成就一番大业；走的时候，他会铁石心肠，让你损失惨重。其实每个人都可以抓住属于自己的机遇，但前提条件必须是要去主动付出。机遇不会去主动讨好任何一个人，如果你只是想坐等机遇到来而不愿意去主动争取的话，那么，注定只能与机遇失之交臂。

1.

每个人都拥有成功的机会

在生活中，不可能每个人都能取得令人瞩目的成就，因为我们只是一些普普通通的人。但是，和那些已经取得伟大成就的人一样，我们这些普通人，也会常常在内心深处萌生这样的想法：只要有施展身手的机会和舞台，只要给我一个机遇，我也能像他们那样成功。

没错，就是机遇。在追求成功的路上，我们要想实现心中的那个梦想，就必须牢牢抓住每一个对我们有利的机遇。所谓机遇，指的就是契机、时机或机会，通常是指一些有利的条件和环境。当然，我们也可以把其理解为好的运气和机会。很多时候，勤奋努力重要，但机会也同样重要。

如果说我们所追求的成功是深埋于地下的金矿的话，那么机会就是分布在地表的金沙。抓住了金沙这个机会，那么挖出金矿，就变得轻松而容易。反之，如果不能发现并抓住这些金沙，我们就算付出再多的努力，也未必能挖到深埋于地下的金矿。所以说，在追求成功的路上，机会对于我们来说非常的重要。

我们都在广袤的生活里跋涉着追求自己的成功梦想，那片可以帮助我们更快地找到“金矿”的“金沙”，对于我们每一个人来说，都是一个均等的机会。只要能付出更多的努力仔细寻找，在找到后牢牢抓住，我们都可以拥有这个机会。这个机会不以我们是否天资聪颖为标准，也不以我们是否有较高的学历为标准，只要善于捕捉住这个机会，它对我们来说，都是一个公平的存在。

在追求成功的路上，我们每个人都拥有成功的机会。

有这么一个青年，他没有文化，没有任何社会背景，如果硬要说上天对他不错的话，那就是给了他一个不错的身体。但是，这几乎更加注定了他的命运，要和父亲一样，在农田里过一辈子贫苦的生活。

一天，他和几个村民从田里干完活回家，路上迎面开来了一辆面包车。由于这条路是乡下的土路，坑坑洼洼的极不好走，颠了几下之后，车陷进泥坑熄火了。乡下人朴实，看到车熄火了，他就招呼自己的几个同伴，一同上前去，看看对方是否需要帮助。

这时候，从车上走下来两个人，一边打量着四周，一边骂骂咧咧。

一个人说："这是个什么鬼地方啊？都什么年代了，还有这样破的路！坐在车上简直是在荡秋千，要是挨家挨户地去收橘子，这路就让人受不了！"

另一个人说："你就省省吧，别发牢骚了。老板可说了，就要这里的橘子，别的地方路好咱也不能去收啊。"

先前的那个人叹了口气，说："这个我明白，只是咱们这活，干起来可真够呛。要是所有的橘子都长在一起就好了，这样就会省去很多麻烦。"

他和同伴们把这两个人的对话听得清清楚楚，也明白了事情的原委。原来，这个小村子的山上盛产一种柑橘，由于水土的原因，橘子又大又甜。但由于路况不好，所以橘子的销量并不见好，以至于村民大多还是以种庄稼为生。每年到了橘子收获的季节，也会有零星的商人过来收购橘子，但是价格极为便宜。

这两个人，就是来收购橘子的，由于正好赶在了雨后，所以道路十分地泥泞难走。青年和同伴们就一边帮助他们推车，一边打听情况。

从和对方的攀谈中，他了解到，城里还有一些水果商人也想来这里收购橘子，但都因为路况不好而打了退堂鼓。这也就是说，如果可以按照刚才那人所说，让所有的橘子都“长”在一起，集中到一些路况稍好的地方，他们应该乐意来收购橘子。

他感觉精神为之一振，打算回去好好想想，而这时候他的同伴们，则都还在一个劲儿地帮助那两个人推车。

把车从泥坑推出以后，那两个人很是感激，其中一个拿出名片分给大家，说：“老乡，谢谢你们啊！要是你们家有橘子的话，可以直接找我们，保证给你们最理想的价格。”

回到家以后，他仔细打听了橘子的收购情况。原来水果商在这里收购八毛钱一公斤的橘子，拉到城里去转手就能卖到六块钱一公斤。当然，由于路不好，他们在收购的时候需要多付出一些油和时间的成本。那也就是说，如果自己能把这些橘子集中到一起，他们不会介意每公斤多加两毛钱。

他打电话咨询那两个水果商，把自己的想法告诉了他们。他们一听，马上同意愿意和他合作，让他把橘子集中起来。

这样，他还是以八毛钱每公斤的价格，收购了乡亲们的橘子，把橘子集中到公路边自己临时搭建的小屋里，然后以一元钱每公斤的价格卖给了水果商人。每公斤净赚两毛钱。

他的生意非常的好，很多收购者打听到这一情况，都来到这里收购水果。村民们的收入增加了，而他则赚了个钵满盆盈。他雇了几个村民，专门用板车转运橘子。再后来，他尝试着用同样的方法开始收购花生、玉米等农作物，生意越做越大，成了十里八乡人尽皆知的“收购之王”，创出了自己的一番事业。

我们每个人都拥有成功的机会，机会不会去偏向于任何一个人。这就如同是金钱，也不会去偏向任何一个人，只要我们肯付出努力，总可以得来。所以，在通向成功的路上，我们一定要擦亮眼睛，细心地留意我们周遭的一切，很有可能，机会已经到了我们面前。我们一定不要心存顾忌，因为机会是公平的，谁都可以拥有。

当然，这需要我们用心去发现和捕捉。

2.

成功是等不来的，积极争取才有机会

在夜深人静的时候，我们不妨静下心来好好想一想，自己是怎样对待心中那个想要的成功梦想？很多人都会积极争取，但是还有一部分人，他们是耐心地坐着，等着运气的到来。成功真的能等来吗？守株待兔的故事真的可以在现实生活中重现吗？

答案是否定的！我们永远无法等到成功。乔纳森·温斯特说过："我一直在等待着成功，可是它却没来，所以我没有成功就继续前进。"有位哲人也曾说过："成功不是将来才有的，而是从决定去做的那一刻起，持续累积而成。"从他们的字里行间，我们不难明白一个道理，成功是等不来的，而是需要去积极争取才会有机会。

机会就像是一艘刚刚离港的船，在很多时候，我们还没有来得及乘上这艘船。这个时候我们该怎么办？等着船回来吗？记住，机会是不会回过头来迎接我们的，等到这艘船回来的时候，我们已然失去了成功的机会。正确的方法是，我们应该跳进海里，奋力向船游去。追上那条船，也就等于抓住了机会，走向了成功。

有一位名作家到一所高中演讲，一位年轻的女士在一旁很耐心地等待着，直到他给学生们演讲完，她才问："如果成功不到我这里来，我怎么办？"这位作家回答说："那很简单，你就去成功那儿！"女士有点迷惑："你的意思是，我不应该等待成功？"作家笑着说："对，世上永远没有等来的成功，只有争取来的机会。"

在经济大萧条期间，有一个年轻人从大学毕业了，并且获得了社会科学的学位。刚走上社会，他极度缺乏社会经验，当然也没有人给他任何的指导。在屡次求职碰壁之后，他给自己总结了一条心得，那就是：经济不景气，这个年头工作太难找了。

于是，他心里就有了一种想法，与其四处碰壁，倒不如在家静静等待，总有一天，会有好运气降临到自己头上。他开始不再找工作，而是摆起了一个小摊，一边做些零碎的小生意养活自己，一边耐心地等待。

一段时间以后，他发现，当初和自己一起找工作的不少同学都找到了合适的工作，而自己却还在经营着一个小摊，仅能糊口。他开始迷茫，难道自己做错了吗？机会真的不能等来？

一位经常光顾他小摊的中年男士对他十分的友好，并通过交谈了解了他的迷惑。他鼓励年轻人仔细分析一下自己，看看自己究竟最想做点什么，是不是真的想这么一直摆摊下去。

年轻人听从了他的建议，在随后的几天中，他开始检讨自己，在检讨中他发现，自己还是最想成为一名电台播音员。

中年男士对他说："有梦想就应该采取行动，如果一直等下去，永远不会有一个电台肯给你一个机会。只有去积极行动，才能寻找并抓住机会。"于是，年轻人放弃了自己的小摊，开始走遍了伊利诺斯州和爱荷华州，努力使自己向着梦想前进，走进广播行业。在积极争取下，他终于为自己赢得了机会，成为了一名体育播音员。

这个年轻人，就是美国前总统罗纳德·里根。

成功属于肯积极争取的人。在生活中，成功的机会是无限的，每个行业、每个领域都会有无数的机会在等着我们。但是，我们一定要记住，机会不会去等待任何人，每个机会都是稍纵即逝。我们的一个等待，会让我们白白失去抓住机会的最好时机，从而与成功失之交臂。

等待成功的到来，其实是一种最奢侈的浪费，这种浪费可以说是毫无意义。成功永远青睐积极主动的人而厌恶习惯等待的人。我们一定要记住这句话“机不可失，失不再来”。当我们等待成功的时候，其实是自己亲手抛弃了机会。如此，又怎么可能成功？

24岁的时候，莉莲·卡茨走到了人生中的低谷，她怀着孩子，艰难地维持生计。她甚至每周都要想，又该去向谁借些钱来补贴家用。艰难的环境使她明白了一个道理，幸运不会无缘无故地去眷顾谁，成功也永远无法等来，要想成功，就必须主动出击。

她用借来的2000美金，添置了几件简单的设备，并在一本销量不错的流行杂志上刊登了一则小广告，推销自己的减肥食品和个性化汉堡。她瞄准了市场，觉得这个突发奇想一定会有生存的空间，是一个难得的机会。

其实很多人都发现了减肥的商业空间，但是只有她，敢于主动出击，把食品和减肥联系在了一起。她相信，等待不可能得到成功，只有积极地主动出击。

她是对的，生意很好，订单源源不断。她的业务不断壮大，从当年的目录直邮公司，很快发展到了如今的LVC国际集团，拥有上千名员工，年销售额过亿美元。

想想看，如果她想等来成功，会有什么样的结果？这很明显！所以，我们永远不要妄想着可以等来成功。妄想等来成功，就如同盼望天上可以下金子，只能是痴人说梦。

机会还是一个认死理儿的家伙，它永远鄙视等待而青睐主动出击。只有主动出击、积极争取的人，才可以用机会赢得成功。那么，在机会面前，你又付出了多少主动？

3.

坐等机会只会让机会溜走

机会总是垂青一些有所准备的人。所谓有所准备,是指在机会到来之前不要一味地坐着,而是应该主动出击,牢牢把握住机会。机会和知识一样,属于稀缺商品,很多人都愿意投入时间和金钱来购买知识,但却不懂得去把握机会。

然而,不幸的是,守株待兔的心理是时下大多数人的通病。或许他们曾经偶尔拾到过一只“兔子”,便天真地以为还有一大串的“兔子”会继续撞到树桩上,被自己捡个正着。于是,他们习惯了坐在树桩上慢慢等待。时间在等待中悄然流逝,而周围的“兔子”则渐渐跑得远了,终于遥不可及。

永远不要期望还会有“兔子”再次撞上树桩,如果说“兔子”是一个机会的话,那么坐等这个机会的概率趋近于无限小。想坐着等待机会的到来,只能让机会悄然溜走。这是为什么?很简单,虽然每个人都拥有成功的机会,但机会对于我们来说,永远都是一个未知数“X”,它不是我们想要的时候就能到来。我们不知道它会什么时候到来,也不知道它会出现在生活中的哪个地方,我们唯一知道的是,机会来了,就必须牢牢抓住。

当然,如果抓不住,那么我们就只能去品尝机会溜走的苦果。

一场瓢泼大雨引起了山洪暴发,洪水越来越大,眼看就要淹没村子。村子里大乱,所有的人心里只有一个念头:能够在洪水下逃得性命,就是最大的成功。所有人拼了命地往高处跑,而救援队也在这个时候适时而至。

神父坐在教堂里虔诚地祈祷,他相信万能的上帝一定会给自己的信徒一个逃命的机会。于是,他静静地等待,等待着上帝显出神迹,把他救出滔滔的洪水。这个时候,洪水已经淹到他的膝盖了。

一个救援队的救生员驾着舢板来到教堂,对神父说:"神父,快点上来,洪水来势很猛,晚了可就来不及了!"

神父摇摇头对救生员说:"不用了,孩子,我相信上帝会来救我的。我只需要虔诚地祈祷,用心地等待,上帝一定不会弃我于不顾。你先去救别人吧!"

救生员没有办法,只好划着舢板,忙着去救别人了。

洪水越涨越深,很快就淹过神父的胸口。没有办法,他只好站在祭坛上,等着上帝给自己一个机会逃离洪水。

这时候,又一个救生员开着快艇过来,对站在祭坛上的神父说:"神父,快上船吧,不然,你真的会被淹死!"

神父不为所动,对他说:"不用担心,我守着教堂,上帝在守着我,他一定会来救我的。你还是先去救别人。"

咆哮的洪水汹涌澎湃,在极短的时间内就把村子给淹没了。而教堂在这个时候也只剩下顶端的十字架还在水面之上,神父随着上涨的洪水爬到了教堂的顶端,紧紧地抱住十字架。他始终相信,上帝会给自己一个逃出洪水的机会。

村子里大部分人都逃出了洪水,救援队派出了直升机在混浊的水面上仔细搜寻。有人发现了水中的神父,此时,他已经仅剩下脑袋还在水面之上了。救生员丢下绳梯之后大叫:"神父,快上来,已经没有时间了,不然你会被淹死的!"但是神父的意志非常坚定,他对着直升机大声说道:"不用了,我是虔诚的信徒,上帝与我同在,一定会来救我的!你还是……"话还没有话完,一个浪头扑来,把他淹没了。他被淹死在了洪水之中。

死了的神父很不甘心,他的灵魂上了天堂,终于见到了上帝。他生气地质问上帝:"上帝啊,我是如此的虔诚,终生侍奉您。可是在洪水之中,您却没有听到我的呼唤,把我从洪水之中救出来!"

上帝叹了一口气说:“我怎么不肯救你?我派了三个人去救你,给了你三次逃命的机会,而你却没有抓住。”看到神父迷惑的神情,上帝继续说道:“第一次,我派了舢板去救你,可是你不肯坐舢板逃离洪水,白白浪费了机会;第二次,我派了快艇去救你,可你仍然把这个机会弃之不要;没有办法,在第三次的时候,我只好派了直升机,以国宾的待遇去迎接你,可是,对于这个机会你仍然熟视无睹。于是我想,是不是你急于想回到我的身边?所以就召唤了你过来。”

这是一个很有意思的故事,故事中的神父,其实是代表了我们生活中的一部分人。这类人从来不喜欢去捕捉身边的机会,而是习惯用等待来构筑成功的美梦。可惜的是,无论是谁,如果想要等来成功,那只是一场镜花水月的空想。等来等去,不但等不来成功,反而只能让机会白白溜走。

所以,我们每一个渴望成功的人,千万不要异想天开,去等待一个成功的机会。机会如同是天神手中的魔杖,可以左右着人们的命运与成败,但是我们必须要去自己争取,才能掌握这杆魔杖。如果坐等,这杆魔杖只能引导着我们走向失败的命运。

东汉末年,曹操和袁绍逐鹿中原。刚开始的时候,袁绍兵强马壮,实力远胜曹操,更是占据了河北等富庶之地。为此,袁绍很是得意,他无视曹操的存在,自己以为高枕无忧。但是后来的几次战争,均是胜败难定,他才开始有些如临深渊般的焦虑。

身边的谋士给他献策。沮授提出了“西迎天子,挟天子以令诸侯”之计,他觉得很有道理,打算从其计行事。但是另一谋士郭图却说:“汉室将亡,兴之很难。今迎天子,反受其制,不是善计。”他也觉得很有道理,左右为难之下,只好静静等待,希望自己可以是真命所归。

等来等去,终于等到了曹操迎汉献帝到许昌,挟天子以令诸侯，众多州郡归附，他才后悔莫及。他没有等来成功，最终被曹操所灭。

机会不是盼来的。著名剧作家萧伯纳曾经说过：“人们总是把自己的现状归咎于运气，而我不相信运气。我认为，凡是出人头地的人，都是自己主动去寻找自己所追求目标的运气；如果找不到，他们就自己去创造运气。”

机会也不是等来的。等和盼只能是懒惰者的表现，这样的做法只能让机会溜走。我们必须付出更的主动，才能把机遇牢牢抓在手中。

4. 时刻努力，为机遇到来做好准备

我们一直在说，机遇不是坐着等来的，而是应该多付出一些努力，去主动争取。其实这还不够，我们一定要在机遇到来之前就做好准备，这样才能更加牢固地将其抓住。我们还应该明白的是，机遇永远钟爱那些在时刻努力着、做着准备的人。

这是一个很简单的道理。假如成功是高山上的一株仙草，当有一天，我们知道了仙草的确切位置，那么，是带着全副装备上山摘取仙草稳妥呢，还是两手空空地上山摘取仙草稳妥？这个答案很明显，在上山摘取仙草的过程中，我们肯定会遇到各种意想不到的困难，如果装备齐全，就等于多了不少帮手，往往就可以履险如夷；但是反过来，如果两手空空地进山，那么在未知的突发困难面前，我们很可能会束手无策，从而让机会白白溜走。

在生活中，之所以有人可以抓住机遇赢得成功，有些人无法抓住机遇

走向成功,关键就在于机遇到来前他们是否做了准备工作。我们都经历过高考,其实高考就是一个最直接的例子。想想看,面对高考这个可以决定人生的机遇,为什么有人抓住了,而有些人则失去了?原因无他,抓住这个机遇的人,无一例外地在机遇到来前时刻努力着,做了最充分的准备。

只有时刻努力着,为机遇的到来做好准备,我们才可以在机遇真的到来时以最强悍的姿态去迎接它,去抓住它。

有这样两个女孩,一个叫刘丽,一个叫张丹。她们两人虽然家庭条件相差很远,但却是很要好的朋友。

刘丽出生在一个经济条件很好的家庭之中,她的父亲是北京一位很有名气的整形外科医生,母亲则是一所名牌大学的教授。因为如此,从小她就接受了良好的教育。在所有人的眼里,无论她将来想做什么,都是完全有机会成功的。

她心目中的成功,是想做一名出色的电视节目主持人。其实就她本人来说,也完全有从事这方面工作的才能。她毕业于某广播艺术院校,而且人缘极好,在与人相处的时候,大家都喜欢和她交谈,她总是能和周围的伙伴打成一片。她常常对别人说:“只要有人给我一个机会,让我上电视,我一定可以成功。”

但她只是习惯于说说,说完之后却并没有为自己的理想先做一些准备工作。她一直在等,只是等待而已。在等了一年多之后,父母托了关系,终于给她找到了一个可以上电视的机会。电视台打算制作一档专题纪录片,请她去做主持人的副手。可是呢?当真正站到摄影机前时,她才感到自己的知识是那么的欠缺。因为没有经验,她很快就在摄像机面前犯了一个小小的错误,这使她更加的慌乱,最终只能主动提出退出。

上天给了她一个机会,然而由于缺乏准备,她最终也没有能将其牢牢抓住。

张丹的情况则和刘丽完全不同。张丹的家庭条件很差,父母都是普通工人。一家人蜗居在北京，父母每天都要为生活而忙碌，根本就顾不上她。她和刘丽是高中时的好朋友，两个人有着共同的梦想，张丹也想做一名出色的电视节目主持人。

高中毕业后张丹没有进入大学念书，而是选择了辍学打工补贴家用。但是她却并没有放弃自己的梦想，白天工作挣钱，晚上则去上夜校读书。她知道，想要成为一名出色的电视节目主持人，就必须早早地做好准备。

在拿到夜校毕业证后，张丹并没有像刘丽那样去等待机会的到来，而是跑遍了北京的每一个广播电台和电视台。她要主动出击，为自己谋取一份可以实现梦想的工作。但是她失望了，每到一个地方，她得到的答案都是这样：我们只需要有工作经验的人。

这样的答案虽然让张丹失望，但却并没有让她气馁。她知道，一家公司看重一个人的经验，是很正常的事。这虽然对自己来说，稍微有些不公平，自己刚出来找工作，哪里来的经验？但是她始终相信，这个不足自己可以用多做准备来弥补。

她开始努力着，为自己寻找一些"经验"，做一些准备。她有空就在家练习播音技巧，锻炼自己的发音。有时候，她会把家人当做是自己的观众，给他们主持一些节目。除此之外，她还经常在网上、报纸上留意一些招聘信息。她觉得必须要给自己增长一些"经验"。

有一天，她终于在报纸的夹缝里发现了一条招聘信息：吉林某个小城市里有一家很小的电视台，正在招聘一名预报天气的女主持。这个时候正是冬天，吉林很冷，但是顾不了那么多了，在给那家电视台打过电话之后，她很快就乘火车去了吉林。

在那家小城市的电视台里，张丹扎下了根。她对自己说，多努点力，在这里多学一些知识，多做一些准备工作，就可以更快地实现目标。这个准备工作，她一做就是两年。在这两年里，她积累了丰富的工作经验，对于电视台的主持人工作，她琢磨得透透彻彻。她知道，自己可以胜任任何一家电视台的工作了。

于是，她辞职回到了北京。当她再次来到北京一些大的电视台应聘的时候，轻而易举地得到了一份工作。这是她梦想中的职位，她终于实现了自己的梦想。又过了两年之后，她得到了提升，成为一名著名的电视节目主持人。

从刘丽和张丹的故事里，我们可以通过对比，很轻松地验证一个结论：坐着等来的机遇，即便是放在我们手边，我们也很可能无法将其抓住；而做好了准备，当机遇来到的时候，我们就可以牢牢地将其抓住。

中国有句俗话说得好“功夫不负有心人”，所谓“有心人”就是指那些肯在机遇到来之前积极努力，做好充分的准备工作的人。机遇是个调皮的孩子，它只偏爱那些有心人，也只会留意那些有准备的头脑。

既然我们每个人都想要实现自己心目中的成功，那么为什么不在机遇来临前做些准备工作呢？有道是“临阵擦枪，不利也光”，其实“临阵擦枪”，也是一个机遇来到前的准备工作。想想看，“擦过的枪”和“没有擦过的枪”，其锋利程度自然不可同日而语。

而在很多时候，“枪”的锋利程度，则能决定我们战争的成败。

5. 错过一次机会就可能错过所有成功

生活中，我们常常会这样宽慰自己：没事，失去了这次机会，还有下次！下次，我们一定成功！这样的话通常会在什么样的情形下去说？对了，就是在痛失了一次机会，与成功失之交臂的时候我们才说。

可是我们想过没有，错过了这一次机会，还真的有下次机会能让我们成功吗？或许会有，但是在很多时候，错过了一次机会，我们就可能错过所有的成功。假如所有的机会是一组多米诺骨牌，我们错失了一张牌，就极有可能让所有的骨牌集体倒下，从而远离成功。

所以，无论我们做什么，学习也好，工作也好，一定要牢牢抓住每一次机会，不能让每一个有用的机会从我们身边溜走。我们应该把每一次机会都看作是决定成功的关键，不时地告诉自己：倘若错过这次机会，那么，我就极有可能错过所有的成功。

有个人在一天晚上遇到了个神仙。这个神仙对他说："年轻人，你很幸运，将要有大事发生在你身上了。你将有机会得到一笔很大的财富，在社会上获得让人尊敬的地位。当然，你还有机会娶到一个漂亮贤惠的妻子。你将会活得很成功，像星星般闪耀着光芒。"

年轻人相信神仙的话，他一边按照自己以前的生活方式生活，一边殷切地期待着神仙的预言可以实现。但是很多年过去了，神仙这个奇异的预言就如同是水中的月亮，虽然光芒万丈，可是终究是遥不可及。年轻人身上什么事也没有发生，他孤独地等了很多年，从年轻人等成老年人，直至垂垂老去，最终也没有等来神仙的预言。

终于有一天，这个孤独的老人死去了。当他死后，他又看到了那个神仙，他很生气地对神仙说："你说过要给我财富、很高的社会地位还有漂亮的妻子，可是我等了一辈子，却什么也没有！你欺骗了我！"

神仙答道："我并没有欺骗你！想想看当时我是怎么对你说的？我只承诺要给你机会使你得到财富、受人尊敬的地位和一位漂亮的妻子。这些机会我都给过你，可是，你却让它们白白从身边溜走了。"

他有些迷惑，就问神仙："我有些不太明白你的意思，你什么时候给过我这些机会？可是我并不知道啊？"

神仙说:“你难道不记得了？在你遇到我后不久,你就想到过一个好的点子。没错,那是个机会,就是我赐给你的。如果你能抓住那个机会,并且善加利用的话,你的生活就会完全是另外一个样子。只可惜,你因为害怕失败而不敢去尝试,让这个机会白白地从身边溜走了。”

他似乎想到了些什么,但是却没有说出来,显得有些垂头丧气。

神仙继续说道:“因为你没有行动,在几年之后,我就把这个机会给了另外一个年轻人。那是个勇敢的年轻人,他牢牢地抓住了那个机会,一点也不害怕地去做了。几年之后,他成了全国最有钱的人。因为有了很多的钱,在随后的一次城市大地震时,他拿出很多钱去帮助那些无家可归的人,给他们买粮食、盖房子。成千上万的人受到了他的恩惠,他们从心里尊敬他、爱戴他。对了,正是因为那次救援难民,城市里一个最美丽的姑娘发现了他的善心,爱上了他,并且成为了他的妻子。”

看着他迷蒙的眼睛,神仙一字一顿地说:“你知道吗？那个年轻人所得到的一切,是我本来想给你的东西。我亲手把机会送到了你的身边,然而你却熟视无睹,白白错过了这个机会。所以,你也失去了一切本该属于你的成功。”

他叹了口气:“可是,那仅是一个我并没有发觉的机会啊！你可以多给我制造几个机会,就算溜走了一个,我也可以抓住剩余的几个,也不至于到死也一事无成啊！”

神仙笑着对他说:“你错了,机会不是树上的果子,可以随便赐予。在很多时候,人们错过一次机会,就可能会错过所有的成功。这是命运使然,我也无法改变。”

不错,好的机会往往只有一次,我们错过了一次机会,就极有可能错过所有的成功。正如故事里的年轻人一样,他只是错过了一个机会,却造成了一生的失败。或许在他看来,那只是一个微不足道的点子,然而,那个点子，却恰恰是上天给他的、一个影响他一生的机会。机会失去了，他只能做命运的叹息者。

我们每个人都拥有成功的机会。这些机会就在我们身边。所以，我们千万不能像那个年轻人一样，当发现机会的时候，却以为那机会无足轻重，不会影响整个成功。这种想法当然不正确，每一个机会都有可能会影响所有的成功。在战场上，我们不可能知道那一颗子弹可以扭转整个战局，所以，我们要利用好每发子弹。

所以，我们必须好好把握住每一次机会，多付出一些主动，我们可以的！

6. 抓住一切机会才能抓住成功

很多人在面对突如其来的机会时，都会犹豫不决。他们要考虑很多问题，比如：这么一个小机会值得我去抓吗？这个机会如果实施起来，会不会很难？我是不是要再等等，也许下次还有更好的机会呢？就这么一犹豫间，机会消逝不见，而成功，也紧跟着远远遁去。

我们现在需要弄明白一个问题：在通向成功的路上，什么样的机会才是我们想要的？什么样的机会能帮助我们走向成功？这些我们都知道吗？

我们当然不知道！如果我们可以明确地知道在前面有那么一个机会可以助我们走向成功，那么也许世上便不会再有“追悔莫及”的说法。因为每个人都知道前面有一个可以帮助自己成功的机会在等着，又怎么会抓不住呢？又怎么会不成功呢？说这么多，我们只想说明一个事实：前路茫然，我们不知道在什么地方会有这么一个机会，也不知道这个机会“姓甚名谁，芳龄几何”，我们只是在尝试着寻找这个机会。

那么很有可能，任何一个机会都是我们要等的。如果一不小心错过了，很有可能，我们就会与成功失之交臂。所以，我们必须要学会善于抓住自己身边的一切机会，不要妄想可以像吃饭一样挑剔，那样只会使我们痛失机会。

有个故事是这么讲的：

从前，有一个年轻人爱上了一个财主家的女儿，便上门去求亲。

这个财主的家产很大，他想找一个可以帮助自己做生意的女婿，于是便给这个年轻人出了一道题目，以考察他的能力。

财主对年轻人说：“我家有十头牛，明天早上我打开牛栏门的时候，这些牛会从牛栏里走出来。你只需要抓住其中一头牛的尾巴，我就答应把女儿嫁给你。”年轻人大喜，心想这算什么难题，那么多的牛，就算自己再笨，也不可能抓不住一头牛的尾巴。

第二天早上，财主依言打开牛栏大门，那些牛便陆续向外跑了出来。年轻人守在牛栏门口，看见第一头牛跑了出来，就准备去抓，忽然发现这头牛的个头太大。他开始胆怯了，心想这个先不抓，后面还有九头呢，等下再抓也不迟。

第二头牛出来，他又发现第二头牛太过于强壮，也不好抓。于是又对自己说：还有八次机会呢，就不抓这个了。结果第三头牛太过威猛，第四头牛太过暴躁。他迟迟没有上前去抓，白白失去了一次又一次的机会。

只剩下最后一头牛了，他对自己说：无论这头牛是强壮还是威猛，一定得去抓了。第十头牛出来了，刚好是头小牛。他一下子喜出望外，觉得老天待自己不薄，再也没有丝毫的犹豫，冲上去就抓牛的尾巴。可是一抓之下，他还是抓了个空。为何？原来，这头小牛根本就没有尾巴。

这个年轻人之所以会失败，是因为他自认为机会很多，失去一次机会没有关系，还有下次。结果他一次次放弃了身边的机会，直到最后失去了所有的机会。

很多时候，我们都会觉得失去一次机会问题不大，只要能抓住下次机会就依然可以成功。可是下次机会从何而来？什么时候来？来的时候，我们能确信自己可以抓住吗？我不敢保证，你也不敢保证。或许真的会有下次的机会，也或许没有。即便是真的有下次机会，我们是否可以在那次机会中取得成功也还是一个未知数。既然如此，那我们又怎么敢把希望寄托于“下次”？

正确的做法是：抓住一切机会。只要有这个机会，我们就不能轻言放弃，就要把它牢牢抓在手中。唯有如此，我们才能抓住成功。

所以，不要去抱怨自己的不如意，不要去抱怨自己没有一个好爸爸，不要去抱怨自己的工作差，更不要去抱怨自己还是一事无成。我们为什么还没有成功？大可以好好想一想，自己真的抓住所有的机会了吗？不要信誓旦旦地说我们做到了，没有成功，就证明我们还少了一分努力，一分紧紧抓住每个机会的努力。

第六章

责任面前,你付出了多少担当

责任不是春风拂面般的悠然,也不是品茗赏菊般的恬淡,它是一种心态、一份气魄和一个使命。每个人面对责任的时候,都必须学会担当。在通向成功的路上,责任其实早已化为了我们随身携带的行囊,它的里面装满了水和食物。它只告诉我们一个简单却又明了的事实:担当责任者生,抛弃责任者死。那么你呢?在责任面前又付出了多少担当?

1. 责任是人生至高无上的精神

爱默生曾说:“责任具有至高无上的价值,这是一种伟大的品格,在所有价值中它处于最高的位置。”科尔顿也曾说过:“人生中只有一种追求,一种至高无上的追求,就是对责任的追求。”什么是责任?通俗地讲,责任就是应该做的分内事,应该做好的工作,应该承担的任务和应该完成的使命。这点很容易理解,概括起来,我们的责任,就是我们本来应当去做的事。

可是从伟人的这些话中,我们却不难看出,想要去做好这些分内事,并不太容易。想想也是,如果每个人尽自己的责任都能如吃饭喝水一样自然随意,那么责任也就不能称之为“至高无上的追求”了。

勇敢担当责任的难处在于:明明知道这是我们应该去做的事情,却怯于担当或者不屑于担当。其实生活中这样的例子随处可见,我们也可以仔细想一想,自己有没有不敢担当责任的时候?一定会有!工作中出了问题,因为害怕领导的责罚,所以我们不敢去承认自己应该担负的责任;在追求成功的路上,因为不愿意看到失败,所以我们拒绝承担自己的过失……之所以会如此,是因为我们还没有真正理解责任的含义。责任,从本质上来说,就是一种与生俱来的使命,它伴随着每一个生命的始终。事实上,只有那些敢于担当责任的人,才有可能被赋予更多的使命,才有资格获得更大的成功。

责任是人生至高无上的精神。

大学毕业,迫于生活的压力,一个女孩来到了东京帝国酒店

作服务员。这是她的第一份工作，在她的想象中，服务员这种工作应该会很容易做，无非就是对客人迎来送往，跑跑腿，收拾收拾客房，仅此而已。然而，她的这份服务员工作，却并没有想象中那么简单。

上班第一天，上司给她安排的工作居然是洗厕所，这对于一个刚刚走出大学校门的小姑娘来说，确实很难接受。她想打退堂鼓，但是上司的一番话却又让她坚持了下来："无论做什么事，都得知道自己的责任。你现在是一名酒店服务员，那么就应该明白自己的责任，你现在的责任就是尽最大努力做好自己的分内事。如果连自己的责任都不能勇于担当的话，你将永远无法成功！"

她心里一阵颤动，虽然还是有些犹豫，但还是坚持留了下来，决定担负起自己服务员的责任。可是，这个责任实在是很难担当得起来。第一天检查工作的时候，上司就提出了不满：马桶洗得不够干净，必须要光洁如新！她觉得很是迷惑，认为自己洗得已经很干净了，还要干净到什么程度？

一位先辈看到了她的疑惑，一声不响地为她做了示范。当这位先辈自己把马桶洗得光洁如新的时候，竟然从中舀了一碗水喝了下去！她震惊了，上司的话又在耳边响起。什么是责任，责任就是在洗完马桶的时候，可以放心地去喝马桶中的水，因为那水绝对干净！这就是责任，对于她来说，是对酒店和客人担当责任。如果再看远一些，那就是对自己所做的事应该担当责任。

她忽然懂了：只要是自己应该担当的责任，无论有多难，也必须做到最好！

从此以后，她漂亮地迈出了职业生涯的第一步，并且踏上了成功之路。她洗的厕所一向光洁如新，她也不止一次喝过马桶里的水。在她以后的人生里，每做一件事，她都像是洗那些马桶一样负责。在她眼里再也没有与己无关的事，每一项经手的事，她都愿意为之担当责任。她就敢这样做！因为她知道，责任是人生至高无上的精神，只要敢于担当，就能走向成功，走向胜利。

几十年的时光转瞬即逝，这段经历，给她留下了一生中最宝贵的财富。直到她成为日本的邮政大臣，人们对她的故事依然津津乐道。她的名字，叫做野田圣子。

在人生的旅途中，事无大小，只要是我们的分内事，就都是我们的责任。正如野田圣子的故事一样，对于洗马桶这项工作，其责任就是把它洗到最干净。如果因为怕脏而不愿意去担当的话，那只能说，责任不在心中。

一个没有责任感的人，不仅会失去社会对自己的基本认可，也会失去别人对自己的信任，更重要的是，也会失去成功对自己的青睐。没有责任的人，很难在事业上走向成功。

有一对农村夫妇为了生育安全，从数百里之外赶到县城里一家大些的医院生产。谁知道在接生完之后，妇产科大夫小刘抱着孩子却忙着接男朋友的电话，结果手一松，新生的婴儿掉到了地上，脑袋受到严重损害。后来送到北京救治，命保住了，小孩子却落下了终生的残疾。

小刘在遭到受害者家属责问的时候，居然说：我也没有想到会发生那样的事，这纯属意外。一时间社会舆论哗然，而小刘也只能引咎辞职。

意外，这真的是意外吗？这只能说是对自己的工作不负责任，没有担当。想想看，如果她也能用野田圣子的态度去工作的话，怎么可能会出现这种情况。责任是人生至高无上的精神，只有把责任化于血，融于骨，我们才可能带着责任去把事情做好，才能走向成功。

在通向成功的路上，我们不要忘记了责任，更不要忘记了去担当责任。因为它是我们至高无上的精神，是我们成功的依托。当我们因为缺少责任而无法成功的时候，不妨好好做一下自我检讨：我们的责任，哪儿去了？

2.

责任高于能力，高于一切

一位伟人曾经说过："人生所有的履历都必须排在勇于负责的精神之后。"在责任感内在力量的驱使之下，我们常常会有一种崇高的使命感和归属感充溢于胸。这种感觉会使我们所向披靡，无所畏惧，更可以使我们在通向成功的路上，走得更加精彩。

即便是我们能力不足，资质不高，那也没有关系，只要我们拥有一份坚定不移的责任感，就有了成功的资本。责任高于能力，高于一切。可以想象得出，如果我们不去热爱自己的工作，在工作中没有责任感，即便是能力很强，也无法在工作中取得成绩。反之，如果我们有很强的责任感，即便是能力稍差一些，也一样可以把工作做得面面俱到。

在生活中，很多人都在从事着自己不太喜欢的工作。对于他们来说，这只是生计的需要，他们的兴趣和爱好并不在此。正因为如此，责任对于他们来说，便成了一句空话，便成了"一种无法选择的目标"。他们会想当然地认为，是工作选择了自己，而非自己选择了工作，那又有什么责任要担当？

于是，他们开始懈怠起来，把责任当成了一件可有可无的装饰品。领导检查的时候，就拿出来"打扮"一番；领导走了，赶紧抛之脑后。自然，如此的做法使得他们的工作效率越来越低，事情越做越差劲。而他们却不自知，甚至把这一切都归咎于能力不足。

这是一种通病，在生活中随处可见。你是否曾经以这种心态工作过？如果有，那么你无法成功，也就变得"情有可原"了，因为你根本就不知道责任的重要性。在工作中,能力虽然重要,但是责任更重要。

战场上,战斗在激烈地进行,双方进入了胶着状态。有一名士兵被派去给拿破仑送信,向其汇报战场的情况。这名士兵的情况令人担忧,他又瘦又小,是个瘸子,而且在这次战斗中也负了伤。但是指挥官仍然派他去送信,因为身强力壮的士兵,都在前方奋勇杀敌。

指挥官拿着信对那名士兵说:"士兵,你知道这是什么吗?"

士兵回答:"报告长官,这是一封信。"

指挥官把信递到了士兵的手中,大声问道:"那么现在呢,你手里拿的是什么?"

士兵很是疑惑,这明明还是一封信啊!于是回答:"长官,这还是一封信啊!"

指挥官郑重地对他说:"士兵,你错了,现在这不是一封信了!它在你的手中,就是你的责任!你必须用你的生命去捍卫你的责任!"

士兵拿着信出发了,尽管敌人在前面设有重重关卡,尽管他的腿跑不快,尽管他的力气很小,但是他却无所畏惧。那一份责任使他心里沉甸甸的,迸发出了前所未有的力量。他跑了三天,穿越了敌人的重重关卡,经历了无数次生与死的考验。在这三天中他没有休息,并且滴水未进,硬是用最快的速度提前把信送到了拿破仑的手中。

当赶到拿破仑面前时,由于过度劳累,他倒在地上晕了过去。

等他醒过来的时候,拿破仑已经写好了回信,命令他带着信赶回去,并让他骑自己的战马。当他看到那匹装饰得无比华丽,而且神骏异常的战马时,赶紧对拿破仑说:"将军,这怎么能行呢?我只是一个普通的士兵,实在不配骑您的坐骑。"

拿破仑却很认真地说:"不!世界上没有一样东西,是一个充满责任感的法兰西战士不配拥有的。你用你的责任向我们证明了一切，你是最有资格拥有这匹战马的人。从此之后，这匹马就永远属于你了。”

在通往成功的路上，我们或许会能力不足，或许会遇到种种意想不到的困难。但是，强烈的责任感却可以帮助我们走出困境。那位士兵不是用他的行动告诉了我们吗？能力不足不算很大的问题，只要拥有强烈的责任感，一样可以成功。

我们的一生必须去承担各种各样的责任，社会的、家庭的、工作的、朋友的等等。这些责任有些看起来很远，有得看起来很近，但却都同样横亘在我们通向成功的路上，我们必须学会担当。就算能力不足，我们也不能逃避自己的责任，更不能放弃自己的责任，如果无法担当又想放弃，就等于我们放弃了生活，放弃了成功。能力不足，我们可以想办法提高，而缺乏责任感，我们则会失去追求成功的动力。

这其实是一种精神上的放弃。想想看，如果精神上放弃了，那么能力再怎么高，我们能把工作做好吗？肯定不能！这正如一位哲人所说：“个人没有竞争力，主要原因在于漠视责任，缺乏担当意识，没有以负责的精神对待生活和工作。”这才是症结，与能力无关。责任高于能力，也高于一切。

所以，不必再去抱怨自己的能力不足，能力不足不是无法成功的理由。如果真的要找理由的话，你不妨好好想一想，自己真的担当那些责任了吗？

3.

一盎司责任胜过一磅智慧

责任和智慧之间,到底孰轻孰重?这个问题很难回答,因为责任和智慧,似乎是风马牛不相及的两个不同概念,又怎么能放在一起做比较?但事实是,它们确实可以放在一起比较,而且还很容易分出高下。我们来看:

我国的卫星发射技术一直处于世界前列,并有着多次成功的经验,但澳星却在一次发射中爆炸。而事故的原因却让人震惊,仅仅是因为配电器上多了一块 0.15 毫米的铝片。

一小块铝片造成了一次航天事故,这样的反差是不是很让人诧异?对,就是这样的反差,让我们更直观地看到了一个事实:在很多时候,责任胜于智慧。试想一下,在这个事件当中,如果工作人员能够多付出一份责任,在卫星上天前再做一次认真的检查,也就可以轻而易举地检测出多出的那块铝片,从而避免事故的发生。卫星是智慧的结晶,而左右其命运的,却在于工作人员的责任心。

其实在生活中还有很多类似的事情,这些事情看起来微不足道,但出现了失误,却足以造成毁灭性的后果。而防止这类事情的发生,只需要我们在工作时多付出一份责任心就够了,仅此而已。所以,我们可以很肯定地说,一盎司(盎司是英美制重量单位,一盎司等于十六分之一磅)责任胜于一磅智慧。

一家外贸公司的老板要到美国去洽谈业务,并且计划在一个国际性的商务会议上发表演说。由于时间紧迫,他身边的几名助手忙得是焦头烂额,喘不过气来。助手们分工很明确,小张负责演讲稿的拟定,小王负责与合作公司谈判方案的拟订。

这两项工作是重中之重，所以小张和小王倍感吃力，只能通宵达旦地加班工作，以期能够快些完成。

老板出国这天，各部门领导前来送行。老板还没有赶到机场时，大家凑在一块儿闲聊起来。一位主管问小张："怎么样，这几天累坏了吧！你负责的文件完成了没？我看时间可是够紧的！"

小张睁着惺忪的睡眼说："快了，还差一点就完成了。我昨天晚上熬到夜里两点，实在熬不住就去睡了。反正我负责的这份文件是用英文写的，老板看不懂，不可能在飞机上温习，我可以利用老板在飞机上的那段时间，把这份文件完善了，然后再传给他……"

他的话还没有说完，老板的车就到了。不过让小张大跌眼镜的是，老板见到他的第一件事，就是要他负责的那份文件。无奈之下，他只好把自己的想法如实告诉了老板。

老板闻言脸色大变："怎么会这样？时间很紧，我已经计划好了，要利用在飞机上的那段时间和同行的外籍顾问好好研究一下文件的资料和数据，以免到了演说现场措手不及。这可如何是好！"

小张的脸色也变了，一个劲儿地在心里骂自己：为什么昨晚要睡那几个小时？如果再坚持一会儿就可以把文件完成了，没想到却耽误了正事。唉，不知道老板会怎么看我！

老板倒是没有多说什么，而是接过小王递过来的文件，边走边认真看了起来。

到了美国后，老板和随行要员一起讨论了小王的谈判方案。从方案上可以看出，小王下了很大工夫，整个方案既全面又有针对性，既包括了对方的背景调查，又包括了谈判过程中可能会发生的问题以及应对策略等等。老板所有想到或者没有想到的细节，在这份方案上都可以看得到。老板大为满意，这份谈判方案，已经大大超出了他本来的期望。他本来以为，时间仓促，这份方案能做出个大概就可以了，却没有想到会如此完善。

有了这份谈判方案在手，谈判很顺利，老板的公司最终赢得了谈判。

回国后，小王受到了老板的重用，而小张则是受到了老板的冷落。

在很多时候，有些人之所以会成功，并不是因为他们有高出常人的智慧，而只是他们比别人多走了一步路。他们清楚地认识到：这步路，就是自己的责任，自己必须要多走这一步。哪怕这一步很艰辛、很难走，哪怕这一步可有可无，也必须走。

很多成功的人之所以可以成功，就是因为他们明白这个道理。一盎司责任感，往往胜过一磅的智慧。正如上面的那个小故事，小张显然不明白这个道理，如果他可以多一份责任感的话，就应该考虑到没有完成工作可能会带来的后果。任何事情都不可能会原原本本地按着自己的设想发展，一旦有所偏差，那么少付出的这份责任感，将会带来最差的结果。其实老板后来重用小王，不只是因为他方案做得好，而是从方案上老板看出了小王的责任心。

责任心，比一切都重要。

网上报道过这样一则新闻：北京有家医院在同天为两个患有不同病症的儿童做手术，由于手术相差的时间极短，只有十几分钟，正好当时又只有一辆手推车可用。于是，一名护士为了"省点力气"，就自作聪明地把两个患儿放在了一辆手推车上。进了手术室后，医生也没有核对患儿病史信息，就把两个患儿放在了不同的手术台上。

在这种不负责的情况下，悲剧发生了。原来要做扁桃体肥大摘除手术的患儿失去了胆囊，而另外一位喉管正常的患儿却很"意外"地留下了咽喉残疾。

这件事可笑还是可悲？而事情的起因，却也仅仅是少付出了一盎司的责任感。如果可以多那么一份责任心，再认真一点儿，结果就会完全不同。

智慧有多重要？很重要！没有智慧，就不会有人类的文明和进步。责任有多重要？更重要！如果没有责任，那么人类用智慧构建起来的文明大厦也将坍塌。

在通向成功的路上，我们更应该牢记"一盎司责任胜于一磅智慧"，因为只有这样，我们才会把工作做好，才会用尽全力去做好每一项属于自己的工作，才能获得成功。多担当一些责任吧！在通向成功的路上，我们必须为此用尽全力。

4. 承担责任才能拥有成功

英国首相丘吉尔曾说："伟大的代价就是责任。"这是一个真理。这个真理也可以这样来说：责任才能成就伟大，责任可以造就成功。

在生活中，为什么有些人总是比其他的人更成功、赚更多的钱？他们不但拥有令人羡慕的工作和事业，而且每天还总是快快乐乐的，似乎他们注定就是可以快乐地走向成功。而有些人则不然，这类人每天也是忙忙碌碌，却只能唉声叹气地看着别人成功。为什么会出现这种反差？这其实并没有秘密可言，前者是敢于承担责任，后者是不敢承担责任。

只有敢于承担责任才能拥有成功。

我们应该清晰地明白一点：在这个世界上，没有不需要担当责任的工作，也没有不需要完成任务的岗位。在通向成功的路上，只有敢于承担自己的责任，我们才能更清楚地知道什么事情该做，什么事情不该做，才能真正地把自己的命运同成功联系在一起。只有如此,我们才能以更加积极的心态去追求成功,并且在通向成功的路上不屈不挠,勇往直前。

有些人会认为,担当责任是一件痛苦的事,因为一些责任太过苛刻。这话一点不错,在很多时候,我们身上肩负的一些责任,会让我们感到压抑,感到沉重,感到不快乐。在工作中,因为责任,我们必须加班加点地做事;在学习中,因为责任,我们必须放弃玩的时间埋头苦读;在家里,因为责任我们不能随心所欲;在事业上,因为责任,我们必须要抛弃很多可以获取暴利的机会。感觉责任痛苦,其实是我们没有端正心态,没有理解责任的真正含义。有时候我们眼睛看到的快乐未必是真正的快乐,只有责任可以引导我们走向真正的快乐,走向成功。

李离是春秋时期晋国的理官(掌管刑狱),他为人正直,非常有责任感。

有一次,他的下属在办案时因为贪赃枉法,故意将真凶放走,却把无辜者抓了起来,并且屈打成招。他很相信自己下属的办案能力,一时失察,就将无辜者判了死刑。后来翻阅卷宗,他发现端倪才觉醒过来,只是为时已晚,那个人已经被处死了。

看到因为自己的责任铸成了大错,李离非常地后悔。他一方面严厉地处罚了下属,另一方面大量地派出人手缉拿真凶,最后终于将真凶绳之以法,为含冤者平反昭雪。

案子到这里应该结束了,但是李离却不这样认为。他思前想后,觉得是因为自己的不负责才导致了这次冤案的发生,自己必须担当全部的责任。于是,他给自己戴上枷锁,进宫面见了晋文公。

晋文公看到他这个样子,大吃一惊,问他到底怎么回事。李离回答说:“大王您对我很是信任,我身为理官,却没有对自己的工作负责,片面听信他人之言,错杀了好人。我必须得为冤死的好人负责,请求大王依法将我处死,为枉死者偿命。”说完,他把事情原原本本禀告了晋文公。

晋文公听完后如释重负，叹了口气对他说："你可真把我吓坏了，我还以为是什么大事，原来就是判错了一个案子啊。这个案子你是有责任，但是主要的责任不在你，而在你的下属，你不是已经惩罚过他了吗？更何况，身居你这样的职位，办理案件的时候总是免不了会有失当之处，这就像是任用官吏，虽然公允地衡量过了每个人的才能，但任命职位的时候仍然难免会有偏高偏低的情况出现。是你下属的错，你惩罚他就够了，不用这么计较。"

李离并没有因为晋文公也为自己开脱而开心，他对晋文公说："话可以这样说，但是理却不是这个理。我是理官，在掌管刑狱的官员中，以我的官职最高，所以我的责任也就最大。我并没有将我的职权分给下属，也没有将我的俸禄分给下属，所以我必须担当我的责任，而不能把这责任分给下属。下属犯了错，他该担当自己的责任，而我的责任也必须由我来担当。"

晋文公很佩服李离，不想治李离的罪，于是斥责他说："那么依你说来，我的位置比你高，你的官也是我任命的，是不是我的罪责也要比你更大，也该为这次的事负责？"

李离依然不为所动，他对晋文公说："国家的法令早已规定，执法者给犯人施错了什么刑，自己就要受到同样的刑法。我错杀了好人，自然就该为他抵命。大王您不同，您虽然掌管着我，可是并不掌握着刑狱，所以完全不必为此事负责。我知道大王是不忍心处死我，可是，我却不能让自己坏了国家的法令，必须担当自己的责任。所以，请大王允许我自己执行吧！"说完，拔剑自刎而死。

怎么样，看到李离的故事，我们是不是想到些什么？当然，我们的意思并非要是所有人都像李离那样，以生命捍卫自己的责任。我们只是想说明一个道理，是自己的责任，就必须勇于担当。只有勇于承担自己的责任，我们的人生才能走向成功。李离不是也成功了吗？他担当了责任，赢得了后世人们的尊敬。

在通向成功的路上,有很多地方都须要我们去承担责任。如果错了,我们把责任担起来,苦一点累一点也要去改正,就可以做得更好;如果工作很艰难,我们也要把责任担当起来,告诉自己,这样的工作就是自己应该完成的,必须去完成,这样就没有做不好的工作。

承担责任才能拥有成功,这其实是一个很简单的道理。当我们在通向成功的路上遇到这样那样的问题时,不妨好好想一想,是不是这个理儿。

5.

推卸责任就是放弃成功

美国前总统亚伯拉罕·林肯说:“逃避责任,难辞其咎。”

田径超级巨星刘易斯说:“尽管责任有时使人厌烦,但不履行责任,只能是懦夫,不折不扣的废物。”

维克多·弗兰克说:“每个人都被生命询问,而他只有用自己的生命才能回答此问题;只有以‘负责’来答复生命。因此,‘能够负责’是人类存在最重要的本质。”

…………

从这些名人们的话中,我们可以很容易得出一个事实:每一个人都必须担当起自己的责任。承担责任不仅是一个人活下去的基本表现,也是一个人可以活得更为精彩、更为成功的前提。倘若逃避推卸责任,则不仅仅是“懦夫”、“废物”,更是自我放弃了成功。没有任何的成功会青睐于一个惯于推卸责任的人。

小周是一家广告公司的编辑，负责一些广告词的编辑工作。他平常工作勤劳，又能察言观色，所以很得领导赏识。如果这样下去，他会很快升职加薪，但是一件事却彻底改变了他在公司的前途。

有一次，公司接了一单生意，一家经营药品的公司要做一个新广告以替换以前的广告。原来这家药品公司的供货厂家前期制造的药品出了问题，被检测出来对人体有害，药厂决定停售这种药，并研发出了新药以替代原来的药品。这家药品公司是广告公司的老客户了，常有药品的广告在这里做，也一直都是小周负责。

由于新药和原来的药属于同类产品，药效相似，就连药名也很相似，所以这个工作对于小周来说不算困难。更兼之小周一直在为这家药品公司的药品写广告词，熟门熟路，做起来更是得心应手。三下五除二，他就轻松完成了工作，早早交了任务。

有时候，错误往往会从最简单的地方跳出来。让小周没有想到的是，写广告词的时候，他一时大意，居然弄错了新旧两种药的名字，又把旧药的名字写在了广告词上，等到发现的时候，这个广告已经做好交给了药品公司方面。

这个错误让药品公司大为光火，随即解除了与广告公司的合作。这么一个大客户在小周手中鸡飞蛋打，他更是惶恐不安。他深知，如果领导深究这件事的话，自己就只能从这家公司卷铺盖走人，想要再找到这么一份安逸稳定的工作，可就不那么容易了。要怎么做才能不让领导追究自己的责任呢？

思前想后，他想到了一个办法。他悄悄把药品公司做这个广告时发过来的资料做了些改动，将所有出现新药品名字的地方全部都换成旧药品的名字。他以为，这样一来，错就在药品公司本身，而不在自己了。之所以敢这样做，是因为他知道，这些资料只有自己这里存在备份，而公司其他人那里根本就没有原件。还有，药品公司和广告公司的合作中止，自然也不会来管这件事情。他的算盘打得很响,以为这样,就可以把责任推得一干二净。

主意不错,但是很快,他就开始后悔了。原来,公司经理不甘心这么一个大客户就此不翼而飞,又看到小周如此解释,不甘心中又夹杂了一些愤怒,于是就打电话质问药品公司。三两个回合下来,小周的谎言就被完全拆穿。

自然而然,想推卸责任的小周迎来了他最不愿意看到的事:被辞退了。离职那天,上司的一番话让他有撞墙的冲动。原来,如果没有他的自作聪明,公司对他的处罚最多是扣掉年终的奖金。因为他平常表现不错,公司不愿意因此失掉一个人才。

是推卸责任,让他得到了最大的失败。

其实,责任有什么好推脱的呢?是自己错了,就是自己错了,挺起胸膛勇敢承担就是。倘若像小周一样想方设法地为自己的过失推卸责任,除了证明这个人没有担当之外,更能证明其不端的品行。想想看,即便是公司这次没有发现他的伎俩,他能推卸掉这次的责任,但长此下去,他能在事业上取得成功吗?很难。因为侥幸推卸掉一次的责任,他会暗自庆幸,更不会引以为戒,更正自己的错误,那么在工作中他就会第二次、第三次地出现问题。这样下去,他会永远得不到成功。

西点军校有句名言:"没有责任感的军官不是合格的军官,没有责任感的员工不是优秀的员工,没有责任感的公民不是好公民。"承担责任就要从正视自己的错误开始。在错误面前我们一定要学会抬起头来,堂堂正正地面对。敢于面对错误,是诚恳态度的一种体现。古人不是也说了吗,"人非圣贤,孰能无过",既然谁都会犯错误,那又何必去推卸自己的责任?

一味地推卸责任,只会使我们在错误的道路上越走越远,离成功也越来越远。远到一定程度的时候,实际上,我们已经放弃了成功。如果别人推卸责任,而我们却勇于承担责任,在无形当中,我们已经比他们前进了一大步,自然,离成功也就近了一大步。

6.

担负多大责任，就会收获多大成功

责任向来都是与机会携手而行的，它们之间的关系，就如同是花和果实，一荣俱荣，一辱俱辱。自然而然，没有责任就没有机会，责任越大机会也就越多，机会越多成功的可能性也就越大，这是一个成正比的关系，不容置疑。

在工作中，倘若我们是一个负责任的员工，那么我们就会尽心竭力地把自己手中的工作做好，我们就会取得这个工作上的成功。但是想一想，倘若我们担负了更大的责任，要去为更多的事尽心尽力，把更多长期存在于工作中的问题消弭于无形，使工作朝着更高的层次发展，如果是这样，我们怎么会不能收获更大的成功？

这个道理一点也不复杂，担负多大责任，就会收获多大成功，乍一看我们可能会觉得摸不着头绪，可能还会觉得有些茫然：责任越大，成功就能越大？但是这么细细一捋，我们就不难发现，这其实是一个再简单不过的道理。担负的责任越大，我们就必须要去为更多的事情负责，就会去尽力把这些更多的事情做好，也就是说，要付出更多。这就顺理成章了，付出得越多，收获的成功就越大。

刘强在一家日用品公司做业务员，他为人诚恳，工作兢兢业业，业绩一直做得很好，收入也相当不错。

最近公司需要建立一个网站，建网站是个技术活儿，需要克服大量技术上的困难，相当得棘手。更让人头疼的是，网站的栏目和内容设置又牵涉大量的商业问题，做的时候必须小心翼翼，不能行差踏错一步。老板深知其中的门道，总是忧心忡忡。

很多人看到老板一筹莫展的样子，都避得远远的，置之不理。因为这事责任重大，万一做不好，或者做错了，谁都担当不起这个责任。老板也找过公司一些懂得这方面技术的人来接手这项工作，但都被别人找借口推脱了。这不是别人分内的事，别人不愿意做，老板也无可奈何。

刘强感觉自己的业务做得很轻松，完全可以有时间来帮公司处理其他工作，于是就自告奋勇地对老板说："让我来试试吧！"看着有员工愿意主动站出来接这个烫手的山芋，老板心情不错，但也不免心生疑惑，他对刘强说："这个工作难度可是不小的，责任很大，你要做好心理准备。"刘强对老板一笑，说："这个我明白，我会尽自己最大的努力来做。"

其实他心里早有打算，自己在业务方面有经验，商业问题方面不成问题。至于最难做的技术活儿，完全可以找一些计算机方面的书籍，边学边做。

他确实是这样做的，接手之后，他一边学习计算机知识，一边整理商业销售资料，双管齐下，并不时地向专家请教。他从来不把这个活当作是分外之事，而是尽自己最大的努力，用最强烈的责任心来做这件事。他废寝忘食、呕心沥血地努力，让同事们都看得瞠目结舌。

有同事看见他熬得双眼通红，就劝他："你这又何必呢，这工作根本就不关你的事，有这些时间，你多休息一会儿不好吗？别再这么卖力了，这活儿出力不讨好。"刘强却说："没事，反正我还有足够时间来做自己的业务工作，闲着也是闲着，为公司多做点事，公司效益好了，我们收入也会提高了不是？"说完后接着埋头工作。

网站终于做好了，虽然不是非常地令人满意，但是老板对他还是大加赞扬，并提升他做了公司的业务部门主管。老板说："刘强把公司的事当成自己的事，敢于承担责任，敢于担当更多的责任，如果不用这样的人才来管理公司，那公司还会有什么前途？我相信任何一个公司都需要一些有很强责任心的人来管理，因为只有这样，公司才能发展得更好。”

担当更多的责任，让刘强获得了更大的成功。

这个故事告诉我们的道理不言而喻：责任决定了我们的成就。在工作中很多人都会有刘强同事们的想法：伸这头做什么呢？自己把分内的事做好，完成工作任务就行了，就可以轻轻松松拿到工资和奖金。多去负责任，做得好还可以，倘若没有做好，没有把这个责任负责到位，挨了老板的骂，岂不是自己给自己找罪受？笨蛋才会这么做。只可惜，刘强不是笨蛋，笨的是他们自己，只有担当更多的责任，才能收获更大的成功，这个道理，他们不明白。

因为不明白，所以他们无法获得像刘强一样的成功。

我们有过这样的经历吗？在面对工作中那些困难的、复杂的，过大的责任时，我们逃避了吗？如果逃避了，那么我们的不成功就会变成理所当然。因为一个人的责任越大，其付出也就会越大，没有大的付出，怎么会有大的收获？

第七章

问题面前，你付出了多少行动

我们永远也不能否定这样一个事实：在人生的旅途中，不可能有绝对的平坦大路可以让我们去走，拦路的石头和坑坑洼洼的路面会在所难免。前进的时候，我们不仅可能会一脚深一脚浅，更有可能会磕磕绊绊，无法顺利行走。这是做任何事情都无法避免的问题。那么，当遇到问题的时候我们要怎么去解决？是扔在一边还是付出行动？不言而喻，倘若没有行动，问题则永远只能是问题而无法解决。

1. 成功的过程就是不断解决问题的过程

世间有人成功,有人失败,成败的关键不在于他们遇到了多少问题,而是在于他们如何地解决问题。成功是什么？成功是一条路,一条充满了坚守、执著,但仍然曲曲折折的道路。在这条路上从来都不缺少问题,难的问题、简单的问题会如毛毛细雨一样络绎不绝,迎面扑来,让人避之不及。

面对这些问题,有人选择了逃避,以为像鸵鸟一样,把脑袋埋在沙子里看不见就可以躲避危险而不用与其正面发生碰撞。或者绕个弯,离问题远远的,其心态是:惹不起,我还躲不起吗？他们确实躲得起,只是没有想到,躲得了一时,却躲不了一世,不知道在什么时候,那些问题又找上门来,紧紧地堵在了成功的路上。

当然,还有一些人面对这些问题的时候,选择的是另外一种解决方式。在他们看来,逃避问题逃开的只是假象,就算逃开 10 年、20 年,如果不去解决,那些问题仍然不会老死,还会生龙活虎地蛰伏在自己周围。它们会伺机而动,当它们再次出现在自己脚下的时候,仍然会成为成功路上的绊脚石。于是,面对问题,这些人选择了一种比较直接的解决方式:勇敢地解决问题。

成功的过程就是不断解决问题的过程。我们没有成功是因为还有问题没有解决完,等到解决完所有问题的那一天,成功会悄然来到我们身边。一边在通向成功的路上向前奔跑,一边去不断地解决问题,才是获得成功的关键。

秋季的收成不错，农民的大豆获得了丰收。一个农民想给妻儿买件新衣服，就推着100斤豆子到城里去卖。

他用的是独轮车，这种车子虽然可以载重，可是却并不好掌控。当他推着车子过河的时候，脚下一滑，车子歪了，整个都掉进了河里。更糟糕的是，袋口没有扎牢，一到水里就散开了，豆子全都露了出来，在河面上漂得到处都是。

这个农民急坏了：虽然收成不错，可是这100斤豆子，毕竟不少，总不能就这样撒手不管吧！可是到处都是豆子，却又怎么下水去捞？虽然小河很浅，水流也很慢，可是一个人的力量总归有限，可能一会儿，所有的豆子就全部随着河水流走了。

怎么办呢？他心中很是焦急，可是却不断地告诉自己，再想想，总会有办法解决的。这个时候，满河漂着的豆子吸引了大批看热闹的人，他们站在河边，饶有兴趣地看着，觉得很有意思。他心中一动，有办法解决了。

他向河边看热闹的人高喊："谁能帮我到河里捞豆子啊，捞上来的豆子可以从我这里换豆腐，一斤换一两。"农民爱吃豆腐，在但那个年头，谁都舍不得去用豆子换豆腐吃。这时候听到有这样的便宜事，马上蜂拥下河捞豆子。秋收的季节，天气还很炎热，河水也不冷，洗了个澡捡回一些豆腐，谁不乐意？

人多力量大，不大一会儿，人们就差不多把河里的所有豆子捞了上来，足有90斤。他知道该解决另外一个问题了，怎样去给大伙换豆腐。要知道，这90斤豆子，需要给别人9斤豆腐呢。正巧在这个时候一个卖豆腐的进城，他就把那人拦了下来，和他谈起了生意。1斤豆子换2斤豆腐，那个人有40斤豆腐，他就全部包了下来。

他先用9斤豆腐换回了90斤的豆子，然后又给了卖豆腐的20斤豆子，最后用独轮车推着自己剩余的70斤豆子和31斤豆腐进了城。城里不比乡下，物价也要贵一些，他没有为自己这些豆子和豆腐发愁，很快就找到了一个饭馆，用1斤豆子换1斤豆腐的价格换回了31斤豆子，这样，他就有了101斤豆子。

按说到了这个时候，他该满意了，因为豆子掉到河里，不仅自己没有赔本，还赚了一斤豆子，很划算的。可是他却并不满足，他觉得豆子的价钱还是有些便宜。灵机一动，他又想到了一个办法。

他把这101斤豆子推到粮行，换回了200斤玉米，然后又到酒行，用这200斤玉米换回了150斤米酒。最后，他又把米酒推到了一个酒店，把这些酒卖了出去。赚了1500个铜板。

一斤豆子的价格是5个铜板，也就是说，如果他直接卖了这些豆子，他只能卖得500个铜板，但是豆子掉到河里，让他在遇到问题的同时，也看到了商机。当他解决完问题之后忽然豁然开朗，原来以物换物的利润更大。于是，他轻松地解决了问题，也为自己赚得了更多的财富。

这个故事值得所有人去思考，当然，我们并不是说现在社会还可以用以物换物的方式来赚取利润，赢得成功，我们只是在阐述一个道理：问题并不可怕。真的是一点也不可怕，就像那个农民，当问题来的时候，他如果选择逃避，那么只有一个结果，让那些豆子随着河水白白流走。可是他勇敢地选择了面对，选择了想方设法地去解决问题。解决完一个问题，他又发现了新的问题，又接着解决下去。

当所有问题解决完的时候，他赢得了最高的利润，得到了成功。成功的过程就是不断解决问题的过程，这个道理在他的身上得到完美的演绎。

很多时候，我们之所以不成功，是因为我们没有正视成功路上那些一个又一个的问题。问题之所以成为问题，当然就有其存在的理由，它就像是一扇门，如果能够打开，则就离成功更近了一步。打开全部，也就赢得了成功。

多付出一些行动去解决问题，我们可以。

2. 逃避问题的人必然失败

有几句时下流行的口号是这么讲的：有问题是正常的，没有问题才不正常；一流的员工解决问题，末流的员工抱怨问题；多数人不能成功的主要原因，是他们习惯了逃避问题；世界上没有解决不了的问题，只有不想解决问题的人。

这些话在我们看来精辟而富有哲理。我们可以一句句来分析，就可以看出这些道理有多么得正确。

有问题是正常的，没有问题才不正常。为什么会这么说？倘若有一个大湖，湖水清澈，那么里面是有鱼才算正常，还是没有鱼才算正常？毫无疑问，所有的人都会回答，有鱼才算正常。鱼在湖中，不但不会搅浑湖水，而且还能使湖水更加清澈，因为鱼能够清理掉水中的杂质，使水变得鲜活起来。如果把湖比作是一件事，那么鱼，就是问题。一件事只有经过问题的带动，才可能变得鲜活而富有生命，变为成功。

一流的员工解决问题，末流的员工抱怨问题。这句话好理解，抱怨就不能端正心态，就不能以正确的心态去面对问题和解决问题。如果工作中的问题无法得以解决，那么工作怎么才可能做得好？只有解决了问题，工作才能做好，员工才算一流。

多数人不能成功的主要原因，是他们习惯了逃避问题。逃避比抱怨更可怕，如果只是抱怨，或者心中不满，还能直接面对问题和解决问题，但逃避却是根本就不敢面对问题。在逃避者看来，问题就如一只吃人的猛兽，慢跑一步，就会有性命之忧。连面对问题都不敢，如果这样的人可以成功，那可真是天大的笑话了。

世上没有解决不了的问题，只有不想解决问题的人。有人可能会说：这个问题很大，我无法解决。那么请问，什么样的问题才算是大问题？天塌下来算不算？如果天塌下来都会有高个子顶着，你还不被砸死的话，那么一切问题都有可能解决。

把这些话综合起来，我们不难得出一个结论：逃避问题的人必然失败。请看清楚，是必然，而不是可能。如果我们选择了逃避问题，那么只能是以失败告终，这是唯一的结果。

《明星报》又开始招聘记者了。每年这个时候，应聘者会蜂拥而至，这家报刊虽小，但是在业界口碑不错，可以学到很多经验。在众多的应聘者中，有两个大学毕业生幸运地被录用了，他们是琼斯和卡尔。

上班第一天，上司交给他们一个共同的任务：一起去采访大法官查理。一听到这个任务，两个人都是同一反应，不是欣喜若狂，而是愁眉苦脸。琼斯无奈地对卡尔说："你说，这是不是上司故意刁难我们？谁都知道，查理大法官是政界最有名望的人，而这家报刊，根本就是一个二流的小报，我们怎么会得到大法官的接见？"

卡尔也是一脸的苦笑，他又何尝不知道这件事的难处。自己和琼斯两个人，都只是刚刚出道、名不见经传的小记者，想去采访大法官，似乎有些天方夜谭。但这是自己的第一个任务，不做似乎也不太合适。

越想越是恼怒的琼斯不愿意去做，他一口咬定是上司对自己有偏见，叫嚣着跑到上司办公室理论去了。奇怪的是，上司最后居然屈服了，让他可以不去，只让卡尔自己去。

可是卡尔还是想去试试。同事史蒂芬看出了他的苦恼，拍拍他的肩膀说："我很理解你，但你要明白，一定会有解决的办法的。这就好比躲在凉爽的房子里，然后想象外面的阳光多么得炽烈，但你不敢走出去。如果你可以跨出去一步，你会发现，阳光不过如此。逃避永远解决不了问题！"

对啊，逃避永远解决不了问题！仿佛是拨开乌云见到阳光，卡尔的心情豁然开朗。他很快拿起桌上的电话簿，查到了大法官的电话，然后打了过去。几分钟之后，电话接通了，正是大法官本人，卡尔直截了当地说出了自己的请求："您好，我是《明星报》新闻部的记者卡尔，我奉命访问法官，不知道您今天能否接见我呢？"

所有的人都吓了一跳，包括琼斯，而史蒂芬则是在一旁面带微笑。对方沉默了十秒钟之后，很快就给了答复："当然可以，明天两点钟，请您到我家里来。"

琼斯在一旁目瞪口呆："就这么简单？这样就约到了？"卡尔微微一笑："没错，瞧，事情原没有我们想得那么糟糕，就这么简单。"

就这么简单！那么，我们有没有遇到一些问题，看起来很可怕，但其实就那么简单呢？当然会有，只是在很多时候，我们在面对这些问题时都选择了逃避，不知道那些问题其实很简单。或许有很多成功的机会，就是在我们的逃避中悄然溜走，而我们却一直茫然无知。

我们都不愿意因为一些简单的事而与成功失之交臂，所以我们应该勇敢起来，认真面对问题。当真正面对问题的时候，我们会发现：其实也不过如此。

3. 找借口只能使问题越来越多

我们也许会经常这样对自己说，"那个客户太挑剔了，我无法满足他。""如果不是因为下雨晚到了的话，我今天一定会把这件事做完。""这件事我没有做好,是因为没有学过。""我没有足够的时间。"太多太多这样的理由充斥在我们的生活中,使我们可以在没有做好事情之时,振振有词地宽慰自己。

但是,这些不是理由,是借口。所谓借口,只是一种工具,是在问题出现时推脱和搪塞的一种工具。每一个借口的背后都隐藏着丰富的潜台词,只是我们自己不好意思说出来或者是根本就不愿意说出来。于是,借口就摇摆着上台了,冠冕堂皇却又镇定自若。

很显然,借口让我们暂时逃避了困难和责任,获得了些许心理上的慰藉,但是我们却从来没有想过,借口是有代价的,这个代价的昂贵程度有时候让人无法承受。以客户太挑剔为借口,我们将永远失去这个客户;以下雨晚到为借口,我们将永远无法知道今日事今日毕的重要性;以没有学过为借口,我们永远也学不会做这件事;以没有足够的时间为借口,那么我们一生都会在忙碌之中,但却碌碌无为。总而言之一句话,借口的昂贵代价,它使我们离成功越来越远,越来越无法企及。

尼克从小就非常懒惰,他不爱学习,考试常常得C。每次考完试,带着试卷回家的时候,他总是会在父母面前为自己找各种的借口开脱。例如,他会说是这次的考试题目太难了,或者是自己在考试的时候身体不适,或者是老师的判分有问题等等。

而父母工作太忙,没时间去和他认真交谈,这使得尼克的成绩越来越差。有一天,当老师打电话给尼克的父母,要求尼克留级的时候,他们才大吃一惊。尼克的父亲问老师:"这是怎么回事?难道尼克很笨吗?"

老师说:"先生,我可以很负责地告诉您,您的儿子很聪明,至少,一个单词他看上两遍就记住了,而其他人,则需要五遍。"

"那为什么会这样?他虽然经常拿回一些成绩不太理想的考卷回来,但据我所知,原因似乎并不在他。你们是不是弄错了?"

"先生,尼克的问题恰恰是他总能给自己找到合适的借口,所以他的成绩才会越来越差。他会说自己不喜欢记单词,这样一来,他根本就不会去记单词,而其他同学,每天则会记住十个单词。还有,当考试成绩不好的时候,他会对我说,是自己的身体不舒服造成的,但之后他却不会去认真补习,因为他把身体不舒服当成了这次考不好的理由。"

"我明白了,你是说他总是找借口为自己开脱,然后问题就会越来越多?"

老师说:"对,就是这样,他很调皮,我的话他根本就不听,希望您能多劝劝他,并让他知道,找借口只能会使问题越来越多,以至于无法解决。"

尼克的父母恍然大悟,原来,尼克成绩不好的根源在这里,只是在于他习惯于为自己出现的问题寻找借口,越寻找问题就越来越多,以至于成绩越来越差。

其实小男孩尼克成绩差这样的例子,在我们的生活中比比皆是。在学习中、工作中,这可能也是我们惯用的伎俩。作业没有做完,我们告诉老师,是自己肚子疼;工作没有做好,我们认为是自己的能力不足,根本无法做好这些事。就像小尼克一样,我们大大方方地把自己所有的错误或者无能归咎于外因。总之,一切与我们自己无关。

不管有没有关系,我们推开了问题,问题并没有就此消失,它仍然实实在在地摆在那里,等着我们。我们不去解决,它就永远是一个悬而未决的问题,而不能成为一个结果。一个个这样没有结果的问题堆在我们周围,如果成为一条河,就可以淹死我们;如果成为一座山,则就可以压死我们。而我们自己,则是始作俑者,因为我们在一开始,就在为这些问题找借口,而不是切切实实地去解决它们。

多付出一些行动,遇到一个问题,我们就去解决一个问题。等到把遇到的问题解决完的时候,我们自然会得到想要的成功。

4. 主动发现问题，积极解决问题

有时候，问题会像铁轨上的火车一样，呼啸着向我们冲来，虽然声势浩大，却也早早地提醒了我们：我是问题，我要来了，请做好准备！但还有一些时候，我们为一些事情忙得焦头烂额，却还不清楚问题到底藏在哪里。那些问题就像是一个幽灵，藏在暗处，打算随时跳出来咬我们一口，让我们防不胜防。

这个时候，就需要我们多付出一些行动，去主动发现问题。只有发现了问题，才能积极地将其解决，才能及时有效地清除在路上阻挠我们成功的障碍。这样的问题就如同是藏在山崖上面的暗门，虽然凶险，但是只要将其找到并打开，那么，这也就等于打开了一扇成功的大门。

这么说看起来有些远，其实即使不考虑那么长远，面对这样那样的问题，不管是明显的还是隐藏的，我们都要善于找到解决方法。还是那句话，问题不会自动消失，无论其藏得多么深，只要我们发现了，方法找对了，就一定可以成功解决它。

不要妄想问题会随着我们前进的脚步自动消失，即便过上一百年，它仍然会是一座阻住我们的高山，只要无法解决，我们就绝难前进。所以，在通向成功的路上，需要我们付出更多的努力，去发现问题并付诸行动。我们要相信自己，只要行动起来了，任何问题都有其解决的方法。方法不是现成的，也不是等来的，它往往需要我们绞尽脑汁地去思考、捉摸和反复地实验。而这些，也都需要我们付出行动和努力。

这是一个很有意思的成功模式：付出行动，主动地发现问题；付出行动，努力地解决问题。在问题前面，我们似乎无路可走，只有一条羊肠小道，那就是行动。

不错，唯有行动，才是走向成功的唯一通道，我们别无他选。

1956年,美国福特汽车公司推出了一款性能优越、款式新颖,却又价格极为合理的新车。按理说,这样好的车应该会在市场上大受欢迎,但奇怪的是,其销售业绩却一直平平,完全没有达到当初预想的效果。公司销售部门的管理者们焦头烂额,绞尽脑汁,却也总是无法攻克这一难关。

为什么会这样?问题到底出在哪里?这是当时公司销售部门管理层的共同疑问。他们认为,一辆好车,即便是不做广告,也一样会广为人知。

刚刚毕业的见习工程师艾柯卡是个有心人,他了解到这一情况之后就开始苦苦思索是什么样的原因导致了这一情况。他甚至跑到大街上向行人打听这款新车,他想知道,这么好的车,为什么人们会对此漠不关心。结果让他大吃一惊,很多人都不知道这款既优越又便宜的汽车。

知道问题出在哪里了,他心中一动,已经有了解决的办法。他径直来到销售经理办公室,向其提出了一个创意,这个创意随即被采纳。公司在报刊上登广告,标题是"花56美元买一辆56型福特"。这个广告的诱惑力实在是太大了,一时间社会为之轰动,大家纷纷打听,想知道怎样才能花56美元买到一辆福特汽车。

原来艾柯卡的方法很简单:如果谁想买一辆这款新车,只需要先付25%的货款,而余下的车款只需要按每月56美元的办法分期付款,就可以把这款新车开回家去。这无疑是一个极大的诱惑,让所有想买车的人都为之心动。人们在心动之余四处打听这款新车的性能,结果发现它不但便宜,而且性能还极为优越。

这个广告很快就深入人心,它打消了很多人对车价的顾虑,更使很多人了解到了这款性能优越且价格便宜的好车,一时间购者如云。很快,公司就创造了一个销售奇迹。而主动发现这一问题，并积极解决这一问题的艾柯卡，大受公司高层赏识。很快，他就被调往华盛顿总部成为地区经理，并最终坐上了福特公司总裁的宝座。

很显然，艾柯卡人生成功的起点源于一个问题，他主动地发现了这个问题，并且为解决这个问题付出了行动。他的成功不是来自于偶然，而是必然。因为他总是习惯于去发现问题，并且积极地解决问题。一个肯为问题付出更多行动的人，在人生的道路上，将处处都是机会。

在通向成功的路上，如果我们去主动地发现一些问题，并积极地解决的话，就可以很好地扫清前进的障碍。可能这样做的时候我们会遇到一些困难，会遇到一些难以解决的问题，但这其实没什么了不起。不惧怕困难，相信自己，我们就会发现，要找到解决问题的方法其实也不难。难的是，我们怎样用积极的心态去发现和解决问题。

这是成功的关键，不容忽视。

5. 只有解决了所有问题，成功才会属于你

鲁迅先生说：“世上本没有路，走的人多了便成了路。”这句脍炙人口的至理名言告诉了我们一个极为深刻的道理，困难并不可怕，只要勇敢地走下去，终能走出一条路来。郭沫若先生也说：“一个人总是有些拂逆的遭遇才好，不然是会不知不觉地消沉下去的，人只怕自己倒，别人骂不倒。”可见困难并不是一个人无法成功的理由，一个人之所以不成功，关键还是自己无法勇敢地面对困难。

在通向成功的路上，很多问题都是我们的困难。当然，这些问题有轻

有重，有大亦有小，但我们都清楚，正是这些问题使我们无法顺利地走向成功。但是，也正是这些问题，终将促使我们迈向成功。假若鲁迅先生那句名言中路的终点是我们想要的成功，那么我们在这条无人走过的路上会遇到些什么？杂草丛生，荆棘密布？或许会更糟，但我们要明白的是，这些就是我们必然要遇到的问题。

如果换个角度去想，我们会发现：踏平一棵杂草，我们脚下的路会顺溜一些；除去一棵荆棘，我们会少被划伤一些。所以从这里来讲，慢慢解决问题。倘若把所有杂草和荆棘都除去了，那么摆在我们眼前的，就是一条通往成功的光明大道。

也可以说，只有解决了所有的问题，成功才会属于我们。如果路上还有一棵荆棘，我们就不会顺利走向成功，甚至会被这棵荆棘划伤。我们都想取得成功，那么唯一的方法就是，解决路上的所有问题，斩草除根，一个不留。

乔治出生于美国一个普通工人家庭，其父母都是工厂工人，收入微薄。因为兄弟姐妹比较多，所以在人生的第一个十字路口上，乔治就遇到了一个比较棘手的问题。高中毕业后，他必须放弃念大学的机会，去想办法挣钱养家糊口。

他对自己说：这是个小问题，不念大学，我依然可以用自己的双手创造出一番事业。于是，他去了一家百货公司打工。刚开始的时候，他的薪水只能是每周 3 美元，但他却很开心。因为这对他来说，不仅解决了一个弟弟的上学费用，而且节省的话，自己还可以存一部分。

在早上照镜子的时候，他对自己说：你瞧，这不是很容易就解决了一个问题吗？这一点不难！在工作中，他付出了很大的努力，每天早出晚归，尽心竭力。他知道，要想得到更多，就必须付出更多的行动。

经过几个星期的努力工作，乔治发现了一个问题，那就是自己不懂除了英文以外的其他语种，而公司很多进口货物的账单都是由法文和德文来写的。这也就是说，如果自己想继续向上发展，就必须解决这个问题。对于问题的态度，他从来都是雷厉风行。他很快就买来一些学习资料，开始自学与商务有关的法文和德文，并且在每天上班的空闲时间仔细研究那些账单。很快，他就渐渐具备了这方面的能力。

有一次，他看到主管十分的疲惫和厌倦。主管的主要工作是检查和核对那些货物账单，而这些对他来说已经不是什么难事。于是，他就主动要求帮助主管检查。他干得很出色，以至于主管都无法相信这会是一个没有念过大学的年轻人所具备的能力，不由得对他刮目相看。当然，之后那些账单自然就由他来处理了。

乔治的工作开始更加繁忙，问题像潮水一样向他涌来。但他从来不害怕这些，他总是会对自己说：瞧，又解决一个问题了，这个问题其实一点也不难！每个到了他手里的问题，他总是努力地将其解决好，然后以抖擞的精神去迎接下一个问题。问题越解决越多，而他的能力也越来越强。

半年之后，乔治被叫到一间办公室里接受一个部门经理的面试。这个部门经理对他说："我在这个行业里摸爬滚打了30年，但却很少遇到像你一样的年轻人。这段时间我一直在观察你，你很努力，不断地用自己的付出使自己进步。更为难得的是，你每遇到一个问题，不管这个问题有多么的艰难，你总是会冲上去，想尽办法将其解决。当然，在解决问题的过程中，你的能力也在飞速上升。从这个公司成立开始，我一直在从事外贸工作，也一直想物色一个像你一样的助手。因为这项工作所涉及的范围太广，不仅工作繁杂，而且还需要很多知识作为支撑。虽然你学历不高，但我相信，以你对待问题的态度，这点自然也不在话下。你是最适合的人选。"

果然，尽管乔治对这项工作一窍不通，但半年之后，他在工作中已经游刃有余了。在一年之后，他拿到了大学文凭，而对于这个问题的解决方法，他只占用了每天睡觉前的那一会儿时间。对他来说，解决这个问题，根本就是水到渠成。

又过了两个月，他接替了那位经理的职位，成为了这个部门的经理。他对自己说：瞧，这些问题一点也不难，我已经解决完了所有的问题。

不错，他解决完了所有问题，得到了成功。而他的弟弟妹妹们，可以安心读书了。

从乔治走向成功的过程中，我们不难看出这样一条规律：问题组成了成功之路，当解决完所有的问题时，成功自然就会随之而来。正如乔治，他就勇于面对自己所遇到的一切问题，无论是无法上学，还是工作中的问题，对他来说，都像每天必须吃饭一样自然，是必须解决的事情。他明白最简单的一个道理，解决了一个问题，就能前进一步。

在工作中很多人都无法像乔治一样成功，所以我们须得好好思考：为什么我们无法像他那样成功？他没有背景，没有学历，老实说，也没有太大的才智。他只有一点是我们所不具备的，那就是面对问题的态度。面对问题，逃避等于抛弃，无视等于放弃，而解决则等于通过。只有勇敢地解决所有的问题，才能打开成功之门。

不要抱怨自己不成功，想一想，在成功的路上，我们付出了多少努力？逃避了多少问题？解决了多少问题？每个人心里都有一杆秤，至于付出了多少行动，我们心里有数。

第八章

人脉面前，你付出了多少心血

俗话说得好：一个篱笆三个桩，一个好汉三个帮。在生活中任何人要完成一项任务，离开社会、离开群体、离开他人都是不可能的。广泛的人脉就像一盏盏指路的明灯，为还在人生十字路口徘徊的我们指明前进的方向。这些可以帮助我们的人，都是我们的朋友。可想而知，倘若缺少这些朋友的帮助，那么我们的人生会陷入怎样的一种境地？肯定会是漆黑无助，孤立无援，难以走向成功的彼岸。所以，我们想要成功，就不能吝惜自己的情感，需要多付出一份心血，经营好自己的人脉关系。

1. 人脉是通向成功的金钥匙

西班牙著名作家塞万提斯曾经说:“重要的不在于你是谁生的,而在于你跟谁交朋友。”美国前总统罗斯福也曾说过:“成功的第一要素是懂得如何搞好人际关系。”而洛克菲勒更是大声呼喊:“我愿意付出比天底下得到其他本领更大的代价,来获取与人相处的本领。”他们都想说明什么?自然是人脉的重要性。

所谓人脉,即指由人际关系而形成的人际脉络。人脉是人一生中最大的财富,良好的人脉是成功的基础。我们要想成功,除了才华、天赋和能力之外,最重要的就是要有良好的人脉关系。

古人说:“天时不如地利,地利不如人和。”这里的人和,自然也指的是人脉关系。在通向成功的路上,会有很多拦路的关卡。这些关卡壁垒森严,困难重重,凭我们的一己之力显然很难走得过去。这个时候,我们需要别人的帮助,需要别人在前面拉我们一把,或者在后面推我们一把,这样一来,我们就能成功地闯过这道关卡。但是我们要明白,没有人会平白无故地帮助我们,只有我们的朋友才会这样做。而我们的这些朋友,就是我们的人脉关系。

生活中有句话叫做:多个朋友多条路。这话一点也不错,因为我们无法预料在前面的路上会出现什么样的关卡,更无法预料在这样的关卡中会有什么样的朋友能够出现。当身处困境的时候,每一个朋友都有可能是我们救命的稻草,都有可能拉我们一把。他们就是我们通向成功的金钥匙,会在我们无可奈何的时候帮我们打开通向成功的大门。

有这样一个小故事:一个小茶馆里着火了,有两个人被困于其中,他们是一个瘸子和一个瞎子。火越来越大,眼看着就要把他们包围了,可是他们却还是没有跑出去。原来,瘸子跑得慢,他知道指望自己跑出去,肯定要被大火烧死;瞎子倒是可以跑得很快,但是他更不敢贸然往外跑,看不见路的结果也只能是被烧死。怎么办?在危急时刻,两人急中生智,瞎子背着瘸子,由瘸子指路,快速跑出了火海。两人都平安脱险,自然皆大欢喜。

这个故事告诉我们一个很简单的道理就是:在很多时候,别人的帮助,就有可能是我们生存的希望。倘若换种说法,我们也可以这样理解:人脉就是我们成功的希望。所以我们说人脉是通向成功的金钥匙,一点也不为过。

如果把社会比作是一张巨大的网,那么每个人都是网上的一个节点。我们可以很明了地看到,这张网上的每一个节点,都在无时无刻地以某种方式与其他节点发生着联系。只有联系和相互帮助,我们才能最大限度地发挥自己的作用,成为整个大网的一部分。否则的话,我们就只能与社会脱节,与成功绝缘。这是无争的事实。

纵观古今,但凡成功人士,无不拥有着强大的人脉网络。他们懂得,人脉就是通向成功的金钥匙,事实上,他们也用心打造自己这把金钥匙了,所以,他们成功了。正是广泛的人脉支撑着他们在这个纷杂的世界中取得了骄人的成就,是这把金钥匙,打开了他们通向成功的大门。

红顶商人胡雪岩年轻时家里非常贫困,身为长子,他很早就肩负起了养家糊口的重任。在刚刚十几岁的时候,他就决定独自去外地闯荡,想要用自己的双手改变家庭的困境。

在一路忍饥挨饿,受苦受冻,几经辗转到达杭州以后,他才发现,钱并没有想象中那么好赚。出去找工作除了需要下死力气之外,还得受人白眼,几次受挫之后,他曾想到了自杀,但转念想到家中的老小，他忍住了。他告诉自己，只要努力，就一定可以柳暗花明。

他最终找到了工作，在一家小饭馆中当小伙计。老板看他忠厚老实才收留了他，但饭馆中的杂活从此就归了他。劈柴、打水、擦桌子、拖地，甚至是倒夜壶，他样样都做，一个人包揽了饭馆中所有别人不愿意干的苦活累活。

这一切都被老板看在眼里，便给他加了工钱。这样一来，除了每月给家里寄些钱之外，他开始有了一些剩余。他把这钱存了起来，想要攒够了钱，做出一番大事。

不过，大事没有做成，他却用这些钱做了一件在别人看来是"愚蠢至极"的事。

有一天，一个打扮得极为寒酸的书生来到小饭馆吃饭，店里的伙伴都很会察言观色，看到这个书生的穿着打扮，就知道这是一个没钱的主儿，于是都不愿意上前招呼。胡雪岩却没有这样做，他觉得既然大家都是穷人，那又何必如此呢？他热情地上前招呼那个书生，给他沏上了一壶热茶，两人闲聊了几句。

在谈话中，他得知这个叫作王有龄的年轻书生的大致情况。这个书生原本想进京赶考，但因为缺少盘缠，只能风餐露宿，边走边停。眼看着就要错过考期，心中焦急但却又无计可施。胡雪岩暗自观察这个人，发现其谈吐不俗，举止大方，便揣测此人日后定能成大器。他想要交这个朋友，多个朋友多条路。

他把自己辛辛苦苦积攒的银两全数借给了王有龄，助其上京赶考。王有龄感动得热泪盈眶，对胡雪岩拜谢说："日后高中，我定然不会忘记了恩公的大恩大德。"两人遂成为好友。

有了银两之后，王有龄快马加鞭地赴京赶考。在途经天津的时候，他偶然遇到了自己的旧知何桂清。经其指点后，果然一举高中，并当上了粮台总办。这是一个肥缺，钱财很快便滚滚而来，他的生活好了起来。他知道，自己这一切，都是那个在困难之时帮助自己的朋友给的，受人滴水之恩就当涌泉相报，更何况是这么大的恩情？他给了胡雪岩不少的钱，想让他也过上富贵的生活。

用这些钱，胡雪岩开了个钱庄。因为善于经营，生意自然日渐兴旺。之后他又开了当铺、药店等，而每做一种生意，王有龄都会竭尽全力地帮助他。在这样的经营条件下，胡雪岩的生意越做越大，成为了当时杭州城中显赫的大富商。

可以说，胡雪岩的成功，和他的人脉关系密不可分。是人脉，使他在走向成功的路上，轻松地迈开了第一步。我们可以想象，倘若没有那个朋友的相助，他想要开钱庄，需要在茶馆里奋斗多少个春秋？怕是很难想象吧！

我们都希望自己能获得成功，可是看看周围，我们有多少可以在成功路上帮助自己的朋友？倘若有一个，我们有可能获得成功；倘若有十个，我们成功的概率就再大一些。倘若有一百个、一千个能在成功路上帮助我们一把的人，毫无疑问，我们一定会走向成功。

可以这样说，显赫的社会地位和优越的家庭条件不一定能够帮助我们走向成功，惊人的意志和扎实的专业知识也不一定能帮助我们走向成功。如果缺少了良好的人脉关系，这些都只能是空中楼阁，会使我们通向成功的路上动摇不已，会随时关上通向成功的大门。而有了人脉这把金钥匙，成功就变得轻松和容易起来。

不要总是抱怨自己不成功，想想看，自己手中是否也攥紧了人脉这把金钥匙？

2.

良好的人脉圈需要付出足够的心血

人际关系是我们得以健康成长的基本条件,而良好的人脉圈则是我们获得成功的基本条件。世界顶尖激励大师安东尼·罗宾说过:“人生最大的财富便是人脉关系,因为它能为你开启所需能力的每一道门,让你不断地成长、不断地贡献社会。”可见,良好的人脉关系对于我们的成功至关重要。

我们每个人都想获得成功,那么就必须要重视人脉关系对于我们的影响。如果我们想要摘到高高挂在树上的苹果,而一个人又无法搬动那架沉重梯子的时候,有个朋友能帮我们抬一下,我们将会很容易达到目标。良好的人脉关系就是这些可以在通向成功路上帮助我们的人,当周围有很多这样良好人脉关系的时候,我们就拥有了一份可观的财产,那就是人脉圈。人脉圈就是这些良好人际关系组成的一个圈子,在很多时候,我们的成功就是从中得来。

有一点我们需要知道,没有人是天生的交际家,更没有人天生可以得到良好的人脉圈子。一个良好的人脉圈,需要我们付出足够的心血去经营才能够得到。正如世界一流人脉关系大师哈维·麦凯所说:“建立人脉关系就是一个挖井的过程,付出的是一点点汗水,得到的是源源不断的财富。”而这点汗水,则需要我们用足够的心血去挥洒。

很多没有良好人脉圈的人将自己的交际障碍归咎于性格内向,并相信自己本性就是如此,天生难以获得良好的人脉圈子,他们甚至放弃了主动建立良好人脉圈子的欲望。对于这种心态,我们无法过分指明其正确与否,因为外向的人确实更容易赢得别人的信任,获得别人的帮助,这是无可争议的事实。但是这也不能说,内向的人就无法建立良好的人脉圈子,只要多付出一些心血,在别人困难的时候多给一些帮助;在别人灰心时多给一些鼓励；在别人难过时多给一份劝慰；在别人迷茫时多给一些希望，就能轻松得到良好的人脉圈子。这些和性格内向与外向无关，只是需要多付出那么一点点，一份力气，一个拥抱，一个肩膀，一句话就够了，就足以赢得别人的信任，建立一个良好的人脉圈。

吉姆·弗雷德从小家境贫寒，在他年仅 10 岁的时候，父亲就早早地离开了人世，只留下幼小的他和母亲相依为命。无论生活多么艰苦，环境多么恶劣，他和母亲都没有放弃过对生活和明天的希望。在那样的生活条件下，他依然成长为一个积极乐观的人。

吉姆·弗雷德的学历极其有限，事实上，在父亲去世之后他就辍学回家，干起了临时工。但就这么一个仅仅念过小学的人，在 46 岁的时候却担任了国家邮政部长的职位，在将近 50 岁的时候，他还被美国四所名牌大学授予荣誉学位。更有甚者，他还被罗斯福总统亲自接见，进入白宫做客，并受到过总统的很多帮助。

他是一个充满了传奇色彩的人，自然，会有很多人想知道这样一个成功人士的成功秘诀。人们都想知道，既没有显赫的家境，又没有较高的学历，他是怎样一步步走到人生成功的巅峰。有一名记者带着这个疑问，来到了他的家里。

记者很是拘谨，面对这样一位大名鼎鼎的人物，他心里多少会有些不自然。但是很快，他就发现了吉姆·弗雷德的过人之处。吉姆·弗雷德温和的性格能让所有与其交谈的人感到兴奋和愉快，记者忐忑的心情就在这样的情形下不翼而飞。

记者问："吉姆·弗雷德先生，我受到很多人的委托来向您了解一件事情，不知道您能否赐教。"

吉姆·弗雷德笑了起来："当然，我会尽我所知回答你提出的每一个问题。不过，我想我已经知道你要问什么了。"

记都很是惊讶："您已经知道了？那您说说，我想问的问题到底是什么?”

吉姆·弗雷德说:“你一定是想问,我能取得今天这样的成就,是不是有什么秘诀在里面。我说得没错吧?”

记者点点头,这表示吉姆·弗雷德猜对了。

吉姆·弗雷德笑了,说:“其实答案很简单,那就是努力地学习,辛勤地工作,这就是我成功的秘诀。”

记者盯着吉姆·弗雷德的眼睛,说:“不,您应该很清楚,这不是我想要的答案。我听说您至少能随口说出一万个曾经认识的人的名字,这才是您得到成功的真正秘诀。”

记者以为吉姆·弗雷德会赞同自己的观点,因为来之前自己做了很多的准备工作,对于这些早已熟记于心。但是,他却没有等来吉姆·弗雷德赞成自己的话,因为很快对方就否定了这些资料的正确性。

吉姆·弗雷德说:“不,年轻人,你说错了,我至少能准确无误地说出 5 万个人的名字。而且我还可以肯定地对你说,在若干年之后遇到他们时,我依然能叫出他们的名字。甚至,我还能记得他们家庭和工作的情况。”

记者很是惊讶:“真是让人赞叹,您的记忆力实在是太强了。”

吉姆·弗雷德哈哈一笑:“孩子,你又错了。我从来不觉得自己的记忆力有多强,之所以可以记住这么多人的信息,是因为我知道人脉对于人生的重要性。对于可以记住这些人,我付出了太多的心血。每次认识一个人的时候,我都会把他的信息记在本子上,尽可能地多去了解他,记住他。要想成功,就必须有良好的人脉关系,而要想建立良好的人脉关系,就必须付出足够的心血。这些,就是我成功的真正秘诀。”

记者点点头,恍然大悟。

看到这个故事,想必我们会惊叹不已。完全了解五万个人的生活习惯和工作习惯，是多么了不起的一项工作，而吉姆·弗雷德却做到了。也许会有很多人觉得不值，试想一下，了解这么多人，真正能够用得上的有几个？可是吉姆·弗雷德却告诉了我们这样做的真正含义：不要怕付出心血，要尽最大的力量构建自己的人脉圈。

因为我们不知道，这个圈子里有哪条脉络会对我们的成功有帮助，所以，我们必须一起抓住。当然，这需要付出足够的心血，付出最大的努力。唯有如此，我们才可以经营一个良好的人脉圈子。

3. 用真诚赢得人脉

我们都知道，想要成功需要良好的人脉关系。但我们也还知道，在很多时候，建立良好的人脉关系并非易事。人与人之间虽然不算太复杂，但也绝不简单。所以，要想建立良好的人脉关系，走捷径这条路无法行得通，我们只能脚踏实地，一步一步地来，一步一步地前进。而这第一步，就是要学会用真诚去赢得人脉。

真诚在赢得人脉关系中是最重要的一环，也是起始部分。原因很简单，别人观察我们是不是一个可以值得交往的朋友时，第一点会看我们是否真诚；而我们在选择交往对象的时候，第一点也是要看别人真诚与否。只有一个真诚的人，才能在我们通向成功的路上真心帮助我们。倘若我们的朋友不够真诚，那么这样的人脉圈子就会形同虚设，不真诚的朋友很难在我们真正需要帮助的时候拉上一把，帮助我们走向成功。

真诚当然指的是真心实意，试想，当我们对别人坦诚相待、真心实意的时候，当然会得到别人的信任。有了别人的信任，他们就会从心底把我们当做是朋友，从而在我们最需要帮助的时候施以援手。可以说，真诚能使我们广结善缘，使我们的人生立于不败之地。

在生活中，有时候我们也许会因为真诚而失去一些东西，但是我们必须得相信，一路慢慢走下去，我们因真诚得到的东西绝对会比失去的多。最明显的就是我们的人脉圈子，只有真诚，才能使我们建立起良好的人脉关系，至于其他，一概不行。

乔治最近很是开心，因为他刚刚从失业的旋涡里爬了起来，在伊利诺伊州找到了一份房屋销售的工作。这份工作的薪水虽然不是很可观，但和业绩挂钩，只要房屋销售得好，就能够拿到高薪。

这天，有一对年轻的夫妇来看一栋房子。乔治对这栋房子记得很清楚，因为他一直记得房主告诉过他的一些事情：这栋房子整体的骨架都很好，但只有一点，房顶有些老化了。如果别人要住进来，就必须翻修屋顶。

努力了这么多天，这对年轻夫妇是乔治的第一个客户。他们对乔治说，自己的资金有限，想买一套很快就可以搬进去住而不用修理的房子。对于这套房子，他们两个人都很喜欢，因为地理位置比较理想。自然，他们并不知道房子的问题所在，反而对房子的价钱很是满意，想要买下这套房子。

乔治很矛盾，如果实话实说，很显然这单生意将无法做成，但是不说真话，他又无法过得了自己那一关。他想起了妈妈从小教给自己的一句话，真诚是通向成功的必由之路。还矛盾什么呢？从小妈妈就已经告诉了自己应该怎么处理这件事。

他把实情告诉了对方，告诉他们这栋房子大概还需要一万美元来修理屋顶。他真诚地对他们说："或许我已经糟糕地弄丢了我的第一位客户，但我相信，真诚可以使我留下一个朋友的心。"这对夫妇对乔治很是感激，他们觉得乔治是一个可以交往的朋友。

当然，他们没有买那套房子，而是在另外一家房地产交易所花较少的钱买到了一栋类似的房子。乔治的第一单生意，就在他看似“愚蠢”的真诚之下化为乌有。

老板听说了这件事，气得暴跳如雷，他对乔治破口大骂道：“我从来没有见过像你这样愚蠢的人，白白推开已经到了手边的生意。你只是一个卖房子的，有必要拿出真心实意对待客户吗？相信我，对自己的客户真诚，那么世界上将没有做得成的生意。”他觉得乔治不适合做这份工作，于是将其解雇。

虽然失去了工作，但是乔治却一点也不沮丧，他觉得自己并没有做错。工作没有了可以再找，但用真诚赢到的人脉却是一辈子最宝贵的财富。他跟朋友借了些钱，自己开了一家房地产交易所。

两个月之后，一个年轻人找到了他，表示愿意在他的公司工作。这个年轻人就是当时乔治的第一个客户。他对乔治说：“虽然你的公司很小，但是从你的身上，我看到了它发展壮大的潜力。一个真诚的人，一定会赢得事业上的成功。所以我辞去了原来的工作，想要和你一起打拼。”

乔治当然乐意，他已经知道这个年轻人是一名金牌销售人员，而自己正需要这样的人才。年轻人很尽心地帮助他，在他们的共同努力下，房地产交易所的生意越做越好，很快就做出了名气。大家都知道有这么一家用真诚经营的房地产交易所，在那里可以享受到让人放心的服务。短短几年时间，他的公司已经成为伊利诺伊州最有名气的房地产交易所，不仅挤掉了他原来工作的那家公司，而且还在很多城市设立了分公司。

乔治用自己的真诚，赢得了人脉，获得了成功。

要想得到良好的人脉关系，用真诚去培养是一项必须要做的工作。在很多时候，那些看起来很“愚蠢”的推心置腹，却往往能让我们得到别人的信任。而这些信任，则为别人帮助我们早早地埋下伏笔。正如乔治一样，他甚至“傻”得将自己的生意拒之门外，但却得到了一个最好的合作伙伴。而这个伙伴,则成为了他事业上的助推器。

看来,在通向成功的路上,人脉的得来也并非太难。只要用真诚去对待身边的每一个人,他们也就能用真心实意来对待我们,和我们成为最好的朋友。当我们需要帮助的时候,他们就会毫不犹豫地站出来,为我们提供帮助。

多付出一些真诚,多收获一些良好的人脉关系,我们会发现,成功之路平坦了很多。

4. 乐于助人,帮人就是助己

从自身来看,乐于帮助别人,是对自己能力的一种体现,狄更斯就曾说过:“世界上能为别人减轻负担的都不是庸庸碌碌之徒。”更可以看出助人对自身的意义。如果从另一个方面来看,乐于助人的意义更是非同一般。我们用真心实意去帮助别人,不仅可以得到感激和赞赏,更能拓展我们的人脉,为我们的成功之路添砖加瓦。

古人说:“投之以桃,报之以李。”我们对别人的帮助,哪怕只是“滴水”,也会被有心人牢牢记在心里,当我们需要的时候,他们就会毫不犹豫地站出来,帮助我们。所以从另一个角度来看,很多时候,我们是在帮助别人,但其实说到底,仍然还是在帮助我们自己。今天朋友累了,我们借给他一个肩膀休息,焉知明天在我们累的时候,他不给送一张大床让我们休息?当然可以!这就是朋友,这就是人脉!

对于张丽来说,这段日子,是她一生中的噩梦。她病了,得了很严重的病,虽然这种病不算什么不治之症,但却需要做一次大的手术，而且颇具危险。更让她感到窒息的是，看这种病需要花费昂贵的医疗费用，自己那不算宽裕的家庭已经无力承担。她想到了死，她对自己说："看来上天并不可怜我，我情愿死，也不愿意成为家里的负担。"

但是她终究没有自杀，因为上天还是看到了她的祈祷，在第二天，她的父亲过来对她说，她可以安心看病了，因为医药费已经解决，马上可以动手术了。她既开心，又担心，开心的是自己动了手术，这种病也许就可以治愈，自己又可以快快乐乐地生活；担心的是，不知道这看病的钱是父亲向谁借的，在自己的印象中，家里已经没有可以拿得出这么庞大数额金钱的人。

虽然心里七上八下，但她还是积极地配合医生，进了手术室。她的治疗方案是几个顶尖专家一起会诊商讨决定的，为她做手术的是这个城市里最为有名的医生，而她所用的药物，全是最昂贵的进口药品。在这样完善的治疗条件下，她的手术很成功，很快渡过了危险期，开始慢慢康复。

她心里一直在疑惑，那昂贵的治疗费用到底从何而来。这个疑惑，一直到了她出院那天才解开。那天这家医院的副院长亲自过来送她，并给她讲了一个故事。

副院长说："我小时候出生在一个非常贫穷的家庭，为了能攒够自己的学费，减轻家里的负担，我只好利用假期在外面打工。我记得很清楚，有一次，在给家里寄去一些钱之后，我身上就只剩下一元钱了，而离下次发工资还有十多天的时间。那天我正在外面跑业务，一天没有吃过东西，又渴又饿，而那唯一的一元钱，是我明天的饭钱。饿得实在受不了了，我就想到找一户人家讨口饭吃。

当拖着疲惫的身子敲开一户人家的大门时，我一下子愣住了，因为我看到了一位漂亮的小姑娘，她正瞪大眼睛看着我。我从来没有向别人讨过东西吃，更何况是面对一个小女孩，根本就无法张开口。为了维护最后那一丝尊严，我只是问小女孩，可不可以给我一杯水喝。那个女孩很聪明,她看出了我的窘迫,什么也没有说,就从家里给我端出了一大杯牛奶。喝完牛奶后我恢复了一些体力,就问小女孩,这杯牛奶需要付多少钱,我会付钱的。

可是,那个小女孩却对我笑笑说:你不用付一分钱,因为妈妈从小就教导我要对所有的人都充满关爱,不图回报地去帮助他人。我记住了小女孩的话,也记住了小女孩的样子,并对自己说,虽然她不要求回报,但是总有一天,我会去回报她的。现在,我做到了。”

张丽听得泪流满面,她隐约记起来了,那个小女孩,就是自己。她怎么也没有想到,自己当年对于别人那一杯牛奶的帮助,却在今天挽救了自己的性命。

在很多时候,我们对于别人的帮助,就有如此神奇的力量。就像这个故事中所讲的一样,如果没有那杯牛奶,很难说张丽可以走过人生中最难熬的时光,或许她会选择自杀,或许她会因为没有钱治疗而延误病情。但是,一杯牛奶却改变了她的命运,使她在病魔面前,赢得了成功。

我们都明白要想经营好自己的人脉关系,是要付出心血的,那么这心血如何付出?真正来说,在很大程度上,我们真心地给别人以帮助,就是付出心血的一种方式。真的,很多时候,我们的举手之劳,就能让别人铭记于心;而我们对于别人深刻的帮助,则能让他们感激涕零。

如果我们的人脉圈子里有很多被我们帮助过的人,那么,在我们需要帮助的时候,他们对我们的帮助,就能汇成一股强大的力量,使我们在成功的路上所向披靡。

5.

善于合作，善借他人之力

曹雪芹在《红楼梦》中借薛宝钗之口说道："好风凭借力，送我上青云。"明里说的是柳絮，其实说的是人生。在生活中，我们要想获得成功，除了自身的努力拼搏之外，在很多时候还需要借助他人的力量。只有善于合作，善借他人之力的人，才能在事业路上平步青云。

在通向成功的路途中，善借他人之力是一门威力奇大的绝技。善施者往往会在最关键的时候，借助他人的力量，使自己更快、更轻松地攀上成功的高峰。而不善于这门绝技的人，做事的时候往往会事倍功半，付出了很大的努力，却仅能得到很少的回报，甚至与成功绝缘。有人做过统计，在职场中，有百分之九十的中高层领导都是善借他人之力，使自己的工作完成得更好，从而坐到更高的位置；而百分之百的创业成功者，都知道善借他人之力。这并不稀奇，独木难以成舟，想要单枪匹马地做出一番事业来自然很难，如果可以利用自己的人脉与他人合作的话，就会容易很多。

日短路长，当我们加大马力在通向成功的路上发足狂奔的时候，一定要明白人脉搭建的阶梯会使我们走得更为轻松，也更容易获得成功。

创业教父马云是一个善于经营人脉、善借他人之力助己成功的典型人物。在他还没有涉足商界，还在电子工业学院当讲师的时候，就已经知道了人脉的重要性。他曾经利用课余的空闲时间去外面的夜校做兼职外语老师，并因此结识了一大批要好的朋友。这些朋友来自五湖四海，在后来都成了马云最富有活力人脉圈子中的一员，为马云后来的创业提供了很多帮助。

1995 年马云开始着手创业，他创办了中国第一家互联网公司：中国黄页。他很有远见，也很有信心这个互联网公司能够引领中国互联网市场。但是很快，他就发现多如牛毛的问题接踵而来，首先最重要的问题是，人们都不明白互联网是个什么样的东西。很多人都有这样一个习惯，对于自己不明白的东西，就认为是假的，自然而然，马云就成了人们眼中的“骗子”。在这样的情形下，他的生意要想做下去，相当得困难。

虽然很困难，但是马云却自有主意：既然别人不认可，那就从自己的身边开始，从那些熟悉和认识自己的人那里打开局面。他开始试着给朋友打电话，要他们做网站，而且还是免费的。有很多朋友对于马云的描述也是半信半疑，但他们相信马云的为人，在并不了解什么是互联网的情况下，试着做了几个。这些人成了中国黄页的首批客户，其中马云当年结交的一个好友，居然象征性地给了马云 6000 块钱。钱虽然不多，但这笔钱，却成了中国黄页的第一笔收入，为中国黄页的崛起拉开了序幕。

紧接着，中国黄页迎来了第一位正式的付费客户，这个人也是马云当年结识的朋友——杭州望湖宾馆的老板。用这位老板的说法是，自己根本不相信什么互联网，相信什么网站，之所以肯做，全是冲着马云的面子。这一笔单子，马云的中国黄页获得了 2 万元的资金。一个水潭，一旦有活水注入进来，很快就会变得活泼起来，中国黄页由此进入了发展的快车道。

后来，马云创办了阿里巴巴，他所用的原始资金有相当大的一部分是来自于中国黄页。当然，还有他当年构建的最富有活力的人脉圈子。阿里巴巴“十八罗汉”中的大多数人都是由马云当年的好友转化而来，他们与马云合作，帮助其创建了一个强大的阿里帝国。马云曾经在很多场合都直言不讳地说：“如果没有那些朋友当初的帮衬，也就没有今天的阿里巴巴，他们都是阿里巴巴的贵人。”

说他们是阿里巴巴的贵人不错，但最主要的，还是马云善于构建自己良好的人脉圈子，善于与他人合作，善于借助他人之力为自己的事业添砖加瓦。如果我们沿着马云的创业路线往上追溯，就会很容易发现，良好的人脉关系对他成功的帮助，已经大到无以复加的地步。可以说，是那些朋友的力量加起来，撑起了阿里巴巴的辉煌。

说到底，只有人脉还不够，我们必须要学会善于运用自己的人脉，与别人合作，借助别人的力量，帮助我们走向成功。所有的成功都会高高地站立在山巅，有很多时候，我们想要上去却不能够。因为一个人的力气有限，能力也有限，很难爬得上去。想想看，倘若有两个人可以互相扶持着向上爬，或者有三个人甚至更多的人一起向上爬，他们手里不但有绳索，还有其他爬山的工具，是不是可以更快、更安全地爬到山巅？这毫无疑问。

在通往成功的路上，聪明的人都懂得与人合作的好处，古人不是也说，“他山之石，可以攻玉”吗？只要能够很好地与别人合作，借助别人的力量获得成功，那就是我们的成功。当然了，这也需要别人愿意真心实意地帮助我们。很多时候，我们会抱怨自己的不成功是因为没有人帮助我们，以至于我们“无力可借”。好好想一想，对于构建自己的人脉关系，我们到底付出了多少心血？

6. 广阔的人脉为成功插上翅膀

有人曾经把人脉比作是血脉，这很有意思，我们不妨仔细品评。众所周知，四通八达、错综复杂的血脉网络，是人的生命赖以存在的基础，血脉即为经脉。《灵枢·九针论》中说：“人之所以成生者，血脉也。”《活人书》中说：“血脉者，营养百骸，滋润五脏者也。”可见血脉对于人的生命有多么重要。那么把人脉比作血脉的意思是再明显不过了，人脉和血脉一样重要。血脉是针对人的生命而言，而人脉则是针对人的事业。密集的血脉为人的生命提供能量，而广阔的人脉则为事业的成功插上翅膀。

在销售界，乔·吉拉德可谓大名鼎鼎，他早已经成为所有销售人士追捧的对象，因为他的成功是如此的辉煌。他之所以这样成功，当然也是因为人脉，为他插上了成功的翅膀。

曾经有位培训师讲过这样一个小故事："我曾经有幸参加过乔·吉拉德先生的一次演讲，感触很深。在演讲前，我们就不断地收到乔·吉拉德先生的助理发过来的名片，当时在场的有两三千人，几乎人人都能收到好几张。我很是不解，打算等到演讲结束后亲自去问问他这样做的用意。让我没有想到的是，演讲刚一开始，乔·吉拉德先生就打开了自己的西装，掏出了很多的名片撒在了现场，至少还有两三千张。全场疯狂了，大家一边捡着名片一边看着乔·吉拉德先生，想听他的演讲。让我们更惊讶的是，乔·吉拉德先生大声对大家说，各位，这就是成为世界第一名推销员的秘诀，演讲结束。"

你们弄明白乔·吉拉德这一次精彩的演讲了吗？其实他只想告诉我们一个很简单的道理，广阔的人脉才是成功的秘诀。在乔·吉拉德做事之前，他就一直在努力为自己构建一个广阔的人脉。他比所有人都更明白，只有广阔的人脉能为成功插上腾飞的翅膀。他这样做了，所以他比别人更加成功。

广阔的人脉是通向成功的不二法则。在通向成功的路上，我们总会遇到这样那样的难题，这个时候，你就会想：如果我有这方面的朋友或者熟人该有多好啊，只要他们能帮我一把，我就可以到达成功了。几乎我们所有人在遇到难题时都会这样想，其实在无形之中，我们已经把人脉当作是成功的翅膀了，只是我们不曾仔细想过而已。我们还应该明白一个道理：如果等到需要帮助的时候才想起人脉的重要性，那已经晚了，最有效的方法是像乔·吉拉德一样无时无刻不在构建自己的人脉圈。等到需要帮助的时候，我们才会发现，原来在任何地方，都有自己的朋友，都可以从中得到帮助。

倘若真是如此，我们能不飞得又高又快吗？

王梅是一家大型广告公司的设计总监，她不仅年轻漂亮，而且精明强干，工作能力很强，所以深得老板的赏识和喜爱。虽然如此，在职场中，一旦有一个漂亮又能干的女人坐到了高管的位置，总会有人说三道四。但是在整个公司里，却没有一个人会对王梅指指点点，所有的同事都愿意跟她打交道。

这一切，都得益于她的“有心”。每逢公司里有什么活动、聚会、客户联谊或者出差等，她都会热情地和周围的人搞好关系，并且记下刚认识朋友的联系方式和工作单位。她总是可以在第一时间获知哪些朋友需要帮助，并且尽心尽力地去帮助他们。在她的细心经营下，她的人脉圈子越来越大，早已经超出了公司的范畴，在客户公司里也有她的朋友。认识她的客户，都会被她的真诚和细心所吸引，而愿意和她做朋友。当然，她的朋友当中不乏一些别的单位的高管，这些人总会为她提供一些免费的信息，以解她的燃眉之急：或者为公司提供客户，或者为自己提供灵感，或者为事业指明方向，或者为别的朋友解决难题。总之，这样的人脉圈子使得她的办事效率非常高，因此得到了领导的信任，也得到了更多的朋友。

可以说，王梅的“有心”，为她编织了一个拥有各行各业能人的人脉圈子，这个圈子为她提供的帮助使她在通向成功的路上如鱼得水，高速发展。

我们可以看出，说王梅的成功是因为她出众的能力固然不错，但很大一部分原因还是来自于她广阔的人脉。一张广阔的人脉网络网住的不仅仅是金钱，还有许多比金钱更重要的东西。请记住，在通向成功的路上，我们可能会遇到很多用金钱也无法解决的困难,而朋友则可以帮助我们解决这些难题。

一句话:想要成功,就不能少了良好的人脉圈子,而良好的人脉圈子不是凭空得来的,这需要我们付出心血去经营和维持。不要小看身边的任何一个人,当我们用心和这些人成为朋友之后就会发现,在很多地方,他们可以做我们无法做到的事情,而这些事情,恰恰可以帮助我们走向成功。

多付出一些心血,多一个朋友,我们就会多一份走向成功的力量。

第九章

挫折面前，你付出了多少勇气

契诃夫曾经说过："困难与折磨对于人来说，是一把打向坯料的锤，打掉的应是脆弱的铁屑，锻成的将是锋利的钢刀。"我们深以为然。但是对于还未成型的钢刀来说，最艰难的事情，莫过于迎接锤的打击。这需要付出的不仅仅是坚忍的心态，更需要付出一份无与伦比的勇气。看着那柄千斤巨锤砸将下来，有勇气者生，胆怯者死，这是生存的法则。

1.

人生都会遇到坎儿

人生百年，没有人能一帆风顺，命运总是无情地在我们前行的路上设下千万道坎坷。每一道坎坷，都是对我们生存能力的考验，如果能够跨过去，我们将离成功越来越近；如果无法跨过去，迎接我们的将是无边的黑暗。

诚然，每一道坎儿到来的时候，带给我们的只会是困难抑或是失败的打击。我们在选择跳过这道坎儿的时候，都会用尽力气，跳得很高，以期自己能够一举跳过去。因为谁都知道，坎儿的后面极有可能就会是成功。但是，也因为跳得很高，当我们受阻的时候，往往会摔得很重。也许会鼻青脸肿，也许会满身伤痕。总之，我们会受到伤害。

很多人受伤之后会选择退缩，因为摔倒时的疼痛让他们记忆深刻，他们怕再跳一次还会摔倒，也许会摔得更厉害。于是，他们的勇气在胆怯中变得暗淡甚至消失，再也没有向前冲的欲望。自然而然，他们也就无法得到成功。尽管这样，他们却并没有想到是自己丧失了前进的勇气，而是一个劲儿地怨天尤人：是我的运气不好，正好遇到了那个无法逾越的坎儿，这叫人算不如天算，无可奈何。

真的是如此吗？真的是运气不好，正好遇到了那个根本就过不去的坎儿吗？当然不是！我们可以想一想，古往今来，有哪个成功人士，不是遇到了很多看起来似乎是无法逾越的坎儿？正是因为他们跨越了那些坎，才取得了成功。就算不说那些名人，我们也可以想一想我们身边，想一想我们的周围，哪一个人取得成功是可以顺顺利利的？当然没有，所有人全部都会是在跨过那些坎儿之后才成功的。

人生都会遇到坎儿，这是生命的法则，是必然和无法改变的。因为只有经过坎儿的磨难，我们才会成熟和成长，才能渐渐地走向成功。

有一个少年，15岁的时候住在奥地利。他很羡慕电影里那些线条优美的健美先生，于是他告诉身边的人："我想要成为一位世界健美先生冠军。"周围的人笑了，对他说："等等，这项运动一点儿奥地利精神也没有。更何况，我不认为你能做一位健美先生。"少年大受打击，但他对自己说：别在意别人的看法，这个坎儿不难过去。

他真的没有在意别人的看法，无论别人怎么对他泼冷水，他始终在心里鼓励自己，坚持下去，冲向成功。在这个坎儿面前，他变得倔强起来，开始了自我训练。刚开始的时候，他每天训练一个小时，然后是2个小时，再到3个小时，不断地让自己朝着健美先生的方向奔跑。当18岁的时候，他服了兵役，一天的训练时间达到了5个小时。

这个坎儿在他的勇气面前屈服了，20岁那年，他成为史上最年轻的环球健美先生。并且在那次之后，他一次又一次地赢得冠军。当他决定结束自己健身生涯的时候，已经拿到了13个健身比赛冠军，比任何人都多。

他不想一辈子都靠健身生活，于是开始规划自己的人生计划，他发现自己很想去演艺圈里发展。他甚至认为，凭着自己健美先生的名气，进入演艺圈应该不成什么问题。但是现实很快击碎了他的梦想，又一道坎儿接踵而来。

他找了许多的经纪人，每个人都告诉他一样的答案："你不可能当演员的。"这个挫折并没有影响到他想进入演艺圈的热情，他甚至对那些经纪人说："我不只想当一名演员，我还想要当一名主角。"那些经纪人在他面前大笑起来，对他说："孩子，别闹了，你可以听听自己的口音，只是那奇怪的口音，你就不可能当主角。”

他相信他们的话，但是却拥抱了这个挫折。非凡的勇气让他做出了一件让人难以置信的事，他开始训练自己的发音，向着这个挫折挑战。他开始像在健身的时候一样，日复一日，每天花上5个小时去上演员课程、发音课程、去除口音的课程等。只要是对自己的发音有用，他什么都愿意去做。

勇气又一次使他战胜了挫折，他的发音居然慢慢改正过来，变得越来越标准。事情也慢慢开始变得顺利起来，有意思的是，他那一口正在改正过程中的发音，居然成了他的卖点。他接演的电影一部接一部，最后在《魔鬼终结者》这部影片中的片酬达到了3000万美元，成为史上最高的片酬。

他后来参选州长，很多人都认为他疯了，放着好好的电影明星不当，却去参选一个根本就不可能会被选上的州长。他们甚至说：“没有人能一下子就空降为州长。”“如果你去竞选市长，或者参议员，倒有可能。”但是他不为所动，他觉得别人不支持这样的挫折自己还能承受得起，这个坎儿自己也能过得去。自己想要改变加州，成为加州的州长，就一定要有勇气去面对众人的非议和挫折。

他参选了，勇气不但使他无所畏惧，更使他当选为2003年美国加州州长。

这个人你一定猜出来是谁了，他就是阿诺德·史瓦辛格。

他的成功之路上，遇到的坎儿可谓不少，但是我们可以看到，他是怎么面对这些坎儿的。他付出了更多的勇气和行动来面对这些看似无法跨越的坎儿，所以他成功了，成功于勇气，成功于必然。

无论是名人也好，普通人也罢，在人生中都会遇到坎儿。这些坎儿发生得很偶然，似乎随时随地都会出现。但是仔细一想，却也是必然的，它们好像就是成功的守护神，只要我们付出更多的勇气，就可以通过它们达到成功。

既然每个人的一生都会遇到坎儿,那么,当我们遇到难以跨越坎儿的时候,还有什么可抱怨的呢?我们最应该做的,是多付出一些努力,好好想一想,如何用最大的勇气去战胜那些坎儿。

只要跨越这些坎儿,我们就能走向成功。

2. 每一个挫折都会成为机遇

人生不如意事十有八九,尤其是在通向成功的路上,这些不如意的事情是如影随形。许多人遇到挫折时,便当是遇到了“拦路虎”,常常有一次没有冲过去,受了点小伤,就开始胆怯了,再也不敢向前冲。他们甚至还会沉浸在痛苦之中,自怨自艾,信心崩溃。

但是有些人却不然,在遇到挫折时,他们常常会不断地鼓励自己,鞭策自己,坚定自己的信心,勇敢地同挫折作斗争。他们甚至会告诉自己:每一个挫折都会成为一个机遇,一定要好好把握。

遇到挫折痛苦甚至是自怨自艾的人,会没有勇气再面对新的挑战,就算机遇来到了他们身边,他们也会避而远之,所以他们只能成为失败者;而把挫折当做机遇的人,会用非凡的勇气面对每一次挫折,牢牢抓住每次挫折带来的机遇,所以他们成功了。曾仕强老先生在《胡雪岩启示》中讲道:“挫折越大,意味着你离成功越近。”爱迪生也说过:“伟大人物最显著的标志,就是他坚强的意志。”我们可以很明显地从这些话中得出一个结论:成功人物之所以会成功,无一例外地都把挫折当做了机遇,进而牢牢地抓住。

球王贝利的话虽然简单,但其中蕴含的深刻道理不言而喻:恶劣的环境磨炼人,让人疼痛的挫折则会给人成功的机遇。很显然,这些是一个人成功的必备因素。

我们不得不承认的是，在很多时候，挫折确实会让人受很大的伤害。如果仅仅是摔倒，也许会有很多人可以站起来，但是如果摔得根本无法再站起来，就会有很多人不再有勇气面对这个挫折了。他们也许会想：既然命运让我站不起来，那么何必去做徒劳的努力？这一切都是上天注定了的，注定我要在这个挫折面前永远地倒下。

结果他们真的就倒下了，永远无法站起。我们走在大街上，那些很多躺在地上的乞丐，不是很好的说明吗？大的挫折也许不是每个人都会遇到，但我们一定要记住的是，挫折再大，只要有勇气，也都能重新站起来。而这些挫折带给我们的，也无一例外地是一次重大的机遇。把握住这些机遇，则成功离你就不远了。

奥斯特洛夫斯基从来不被命运垂青，他所受到的挫折，曾让很多人唏嘘不已。他仅念过三年小学，繁华的青春就消逝在疾驰的战马和枪林弹雨之中。在战场上，命运的磨难并没有离他远去，而是一次又一次地“眷顾”于他。16 岁时，他的腹部与头部严重负伤，因为伤势过重，导致他的右眼失明。20 岁时，他又因为关节硬化而卧床不起，从此变成残疾。

在人生最美好的年龄里，他受到了命运最严峻的挑战。这样大的挫折曾经让他感到了无生趣，他觉得：在生活中没有比掉队更可怕的事情了。但是却又无可奈何，他所受的挫折没有人可以替代，也没有人可以帮他再次站起来。但他也知道，自己必须勇敢地面对这些挫折。

他开始同这些挫折进行勇敢的抗争。因为不能继续回到战场，于是他就对自己说：“我现在终于有时间可以学习了。”他把这个挫折当做了一个机遇，并且用这个机遇读完了函授大学的全部课程，如饥似渴地阅读俄罗斯与世界文学名著。书籍召唤他前进，书籍陪伴他披荆斩棘。他用自己非凡的勇气，坐在挫折面前，微笑着学习。

很快,他的文化和文学素养就达到了一定的水平。他满怀信心地写了一本描述柯托夫斯基部队中英雄战士的中篇小说,寄给一家杂志社,却没有想到,挫折再次袭来:他呕心沥血的小说,并没有被采用。

这个挫折虽然使他沮丧了一阵子,但他并没有气馁,很快就调整好了心态,以非凡的勇气继续向前冲刺。这次的挫折使他明白了一个道理:平步青云的事是少有的,人们往往只看到成功者头上的花环,却总是忽略了他们在还没有成功之前所受的痛苦和挫折。痛苦和挫折是每个想要成功的人所必须经历的,那些满怀成功的理想,向成功的高峰奋力攀登,一遇到挫折就畏缩不前,半途而废,惊呼生不逢时的人,永远也无法得到真正的成功。因为每次挫折,都是一个机遇。

他紧紧地抓住了这个机遇,把小说不被采纳当做了别人对自己的指点,认真地找出其中的不足,忍受着病痛的折磨,默默地继续写作。1932 年,他终于完成了《钢铁是怎样炼成的》,并因此一举成名,激励了千千万万的人们。对此,他高兴地惊呼:“生活的大门终于向我敞开了!”

从向来不被命运垂青,到生活的大门终于向其敞开,奥斯特洛夫斯基的故事告诉我们一个很清晰的道理:挫折并不可怕,挫折其实就是机遇。想想看,其实正是如此,残疾的挫折让他深受打击,但却为他提供了充足的学习时间;小说不被采纳的挫折也让他受到了伤害,但是却也让他养成了精益求精的写作态度,为他后来的成功提供了一个机遇。

成功其实并不复杂,如果连缀起来,我们会发现,成功其实就是由一个个挫折转化的机遇组成。抓住者成功,胆怯者失败。或者也可以这样说,每一个挫折背后都会隐藏着一个解决问题的方法,如果能够以非凡的勇气面对这些挫折,寻找出解决这些问题的方法,那么通向成功路上的难题,就可以迎刃而解了。

别去抱怨自己还不够成功,想想看,我们究竟付出了多少勇气,去抓住每个挫折带来的机遇？

3.要想赢，就绝不能怕失败

在生活中，我们无论做什么事情，都有遇到挫折和失败的可能。在通向成功的路上遇到失败，就如同出门的时候忘记了带伞，不小心被雨淋到一样正常。那么如果遇到了挫折和失败，我们就应该试着告诉自己：这是正常的情况，绝不能灰心和害怕。因为一旦灰心和害怕，消极的心理会使“寒气”侵入我们体内，使我们患上“感冒”，更严重者，会使我们从此失去赢的希望，从而与成功绝缘。

从大的方面来说，其实人类就是在犯错和失败的过程中成长和进步的。第一次迈步，我们一定会跌倒，但正是这个跌倒的失败使我们渐渐掌握了走路的技巧，从此学会了走路。很显然，倘若我们害怕失败，害怕跌倒，那我们将永远也学不会走路。第一次学骑车、第一次学打球……想想看，有哪一次，我们不是在失败中获得了成功？

但是，就是这么一个简单的道理，却有很多人困于其中不能自拔。他们害怕失败，看着别人骑车，他们很羡慕，想要自己也会骑，但是害怕失败的心理却告诉他们：如果摔跤了怎么办？别人会笑话的。或者是：万一从车上摔下来该有多危险，摔断了手脚可不闹着玩的。这样的心态使他们在问题面前止步不前，更有甚者根本就不敢去尝试，他们怕万一失败了自己该何去何从？

其实真的失败了又能如何呢？古人不是告诉我们了吗，“失败乃成功之母”，倘若真的失败了，我们也并没有什么损失，失去了这次成功的机会，但却收获到了通向成功的正确法门，那么下一次就一定可以成功。就是这么简单，要想赢，就绝不能怕失败！正确的方法是：用坚韧的心态向着成功的方向前进，把失败当做是路上充饥的粮食，让它们带给我们前进的动力。如果可以这样，那么失败在我们面前，就轻松得不值一提了。

大约在50年前，有一个叫卡纳利的美国年轻人在家里替父母经营着一个杂货店。由于位置不太好，生意一直不好。有一天，卡纳利对父母说："这个杂货店不能再经营下去了，既然经营了这么久也赚不到钱，我们就必须改变思路，想想别的办法。"

父母对他的想法大为赞同，却也很是担心，父亲对他说："孩子，你的想法是好的，可是你要知道，咱们全家的生活来源可都在这个店里了，一旦失败，我们将得不到生活保障。"卡纳利说："无论做什么事，都会有失败的可能，不是吗？但我们必须得去做，不付出行动去做，又怎么知道能否成功呢？"父亲觉得他的话很有道理，就全力支持他，让他放手去做。

他家附近有几所大学，经常会有学生出来吃快餐，卡纳利觉得应该从这里着手。通过调查，他发现附近还没有人开一个比萨饼屋，如果去卖比萨一定可以。于是，他就把杂货店改成了一家比萨饼屋。为了可以吸引顾客，他把比萨饼屋里装修得精巧温馨，十分符合学生高雅讲情调的特点。

很快，他的生意开始好了起来，不到一年的时间，他的比萨饼屋就成为了附近的名吃，每天都是顾客爆满。他又开了两家分店，生意也是很好。

他没有知足，他觉得，既然自己开的比萨饼店生意这么好，那么，在别的地方开也可以。有朋友劝他说："还是先好好经营这几个店吧！要知道，你现在的生意只是刚刚好起来，如果把所有的钱都投入到别的分店上，一旦失败，你就会陷入到资金周转不灵的困境。"卡纳利虽然觉得朋友的话很有道理，但是却仍然执意要开分店。他对朋友说："如果惧怕失败，那么我只能永远经营这几家小店，不会有太大的成就。即便是失败了，我也会有重新来过的经验,并不会有什么损失。”

经过筹备,他马不停蹄地在俄克拉荷马又开了两家分店。正常他踌躇满志的时候,坏消息一个个传来,原来,他新开的两家分店严重亏损。刚开始的时候,他一个店里每天准备了500份比萨,结果总会有一半卖不出去。后来,他又让店员按200份准备,还是会有很多卖不出去。怎么回事?他干脆让店员只准备50份,他想这样总可以了吧!但是这几十份所挣的钱,根本就连房租都付不起,更不用说其他费用了。

他真的失败了,并开始严重亏损。但是他却不愿意放弃,他决定一定要找出失败的原因。通过仔细的观察,他终于找到了问题所在。原来,虽然这两个城市的比萨饼店都开在大学附近,但两个城市的学生在饮食和趣味上存在着很大的差异。他之前从来没有考虑到这些,所以在店面的装潢和比萨的配料方面都是一样的。而这,正是造成新开店面生意不好的原因。

他迅速改正了错误,俄克拉荷马的分店生意也很快好了起来。他从不害怕失败,每当失败了,他会把失败当做是一个千载难逢的机遇,认认真真地从中寻找失败的原因,然后改正。在把分店开到纽约的时候,他又失败了,但是经过仔细调查,他发现比萨的硬度不合纽约人的口味。他很快组织研究新的配方,最终在纽约打开了市场。他的比萨,成为纽约人早餐的必备食品。

从第一家比萨店起,在19年的时间里,卡纳利的比萨饼店遍布美国,共计3000多家,总值超过3亿多美元。失败对于他来说,已经和家常便饭无异。他曾说过:“我每到一个城市开一家新店,十之八九是失败的。但我从来没有惧怕过失败,更没有想到过退缩,而是积极勇敢地面对失败,去寻找失败的原因。找到了失败的原因,我就找到成功的方法。”

多简单而又深刻的道理。卡纳利的故事告诉了我们,在通向成功的路上,谁都不能确定自己在什么时候才能成功,所以,我们必须先学会失败。因为失败,才能告诉我们成功的正确方法。要想赢,就绝对不能害怕失败,以失败作为敲门砖,持续不断地敲门,总有一天,成功的大门会为我们而开。

《圣经》里有这样一段箴言:"你若在患难之日胆怯,你的力量就要变得微不足道。"世界上没有永远的冬天,自然也不会有永远的失败。那么失败,又有什么好怕的呢?或许失败会冻僵我们的身子,但却也会在我们心里为我们注入火热的力量。只要在这些失败和挫折面前我们有足够的勇气,就一定可以赢来成功的春天。

4. 跌倒了,再爬起来

美国《成功学》的创始人希尔·拿破仑曾经说过:"自然经常是先给某些人重重的一击,让他们倒伏在地,看谁能爬起来再投入人生的战场。那些毅力强大的勇敢者,就被选择为命运的主人。"牛顿也曾说过:"如果你问一个善于溜冰的人怎样获得成功时,他会告诉你:'跌倒了,爬起来。'这就是成功。"对,这就是成功!成功之路就如同是声音的波段,有高有低,有起有伏,跌倒了是进入了谷底,但是只要肯爬起来,依然可以冲上最高峰。

成功是每个人都梦寐以求的东西,我们也在拼尽全力寻求成功。每个人的成功之路都不尽相同,所有的人都在摸着石头过河,一个不小心就会脚下一滑,跌上一跤。那么摔倒的时候我们应该怎么办?是干脆躺下随波逐流,还是爬起来继续前进?

躺下随波逐流,我们只能永远在旋涡中挣扎而无法安然渡过河去,只有爬起来,继续未完成的行程,我们才能到达人生的彼岸。

约翰上中学的时候，想要去参加学校的篮球队。他和父亲商量，父亲并没有反对，只是淡淡地问他："如果总是不能把球投进篮筐里，你会怎么做？"约翰大声嚷道："如果总是不能把球投进篮筐，我会很沮丧，因为那表明我没有打篮球的潜质。"父亲拍拍他的肩膀，说："参加篮球队以后再说，我想让你先参加拳击队。"约翰虽然不明白父亲的用意，但还是听从了父亲的建议。

一年之后，父亲问约翰学到了什么。约翰对父亲说："在拳击台上，你无处躲避，也没有人可以责备，所有的一切都只能依靠自己。这就是您想让我在拳击队里学到的东西吧？"父亲回答："还不全是。"

第二年，父亲又问约翰学到了什么。约翰说："在拳击台上，最终只能有一只手举起来，那是胜利者的手。只有胜利者才是最后的成功者，才能赢得荣誉和尊重。这次我说得对吗？"父亲笑笑对他说："还不完全是，你还是没有完全理解我让你学习拳击的真正含义。"

在第三年，约翰没有等父亲问，就主动对父亲说："在拳击台上，总是会被对手击倒在地，这是无可避免的。但是这并不可怕，只要能够爬起来，就还有可能赢得成功。跌倒了再爬起来，这一定是您想告诉我的人生道理。"

父亲笑了，对他说："孩子，你终于明白了。如果当时我让你去参加篮球队，你可能会很难明白这个道理，也很难成为一名优秀的球员。但是现在，你明白了跌倒了再爬起来，就能赢得胜利。我可以放心让你做任何事情了，你也一定会成功。"

约翰最终并没有成为一名拳击手，而是历经坎坷，成为一名成功的商人。当回顾一生的经历时，他曾说过："感谢拳击台，那真是一个奇妙的地方。你被击倒，然后又顽强地站了起来，耳边响起了支持你的呼声，这个时候你会有一种信念，觉得自己一定可以击败对手。我在遭遇人生的低谷、挫折的时候，我的脑子里某个角落总会有一个声音在喊：‘爬起来，你行的！’当爬起来重新面对失败的时候，我发现自己真的可以战胜失败。”

其实，人生不就是一个拳击台吗？在这个拳击台上，我们不只和对手较量，也在和自己较量。有很多挫折使我们不得不跌倒，但是能否站起来却只在于我们自己。只要付出更多的勇气，爬起来就绝对不是难事。上帝不会忽视任何一个在挫折面前勇敢地爬起来的人，他总能给这些人以最丰厚的回报。

在挫折面前多付出一些勇气，勇敢地爬起来，其实一点也不难。如果愿意，我们任何一个人都可以。

1832 年，林肯失业了，这次的挫折使他很是伤心。但是他并没有气馁，因为他心里已经有了另外一个打算，他决心要当政治家，当州议员。他开始为之付出行动，遗憾的是，在这一年的竞选中，他失败了。一年中两次的跌倒，使他痛苦到了极点。很多人都以为他会一蹶不振，但他很快收拾起自己痛苦的心情，又爬了起来。

接着，他着手开办自己的企业。当他雄心勃勃地想在商界出人头地的时候，命运之神却又和他开了一个玩笑，不到一年，他的企业又倒闭了。这次的跌倒把他摔得很惨，在以后的 17 年里，他不得不为偿还企业倒闭时所欠的债务而到处奔波。

但他又奇迹般地爬了起来，再次参加了竞选州议员。终于，他成功了，生活有了转机。他开心地对自己说：“可能我要成功了。”真的成功了吗？上帝似乎要接着考验他在面对困境时的勇气。他于 1835 年订婚，但离结婚的日子还差几个月的时候，他的未婚妻不幸去世。生活中的挫折再次光顾于他，将他紧紧地抓住。

这次他卧床数月不起，并为此得了精神衰弱症。但是病情稍好一些，他又爬了起来，像一只永远也不会被打败的狮子，狂吼着又开始了人生道路上的长征。

1838年，他感觉自己的身体恢复得差不多了，便又开始了竞选州议会议长。最后的结果，是以失败告终。没有关系，爬起来接着来过。1843年，他又竞选美国国会议员，仍然是以失败告终。

每次跌倒，他都会跌得遍体鳞伤，苦不堪言。但他却从来不觉得跌倒是一件多么糟糕的事情，他会很快站起来，调整好心态，接着向前奔跑。令人称奇的是，每次跌倒后再爬起来，他的脚步更稳了，向前跑得更快了。别人不明白为什么，只有他自己心里清楚，是失败给了他向前奔跑的动力。他觉得自己一定会成功，能让所有的人都刮目相看。

1846年，他又一次竞选国会议员，最终当选。这样的成功来之不易，可是没有容他开心太久，在两年任期期满之后，他没能继续连任。他曾经以为自己在两年任期之中表现不错，别人还会选择自己。却没有想到，又是以失败告终。不仅如此，在这次竞选中，他赔了一大笔钱，这导致了他申请当本州的土地官员时，申请被退了回来。那些官员当着他的面指出："做本州的土地官员必须要有卓越的才能和超常的智慧，而这些，你似乎没有。"

这样的打击使他几乎丧失了追求成功的欲望，但是在冷静之后，他又选择爬了起来，继续努力。1854年，他竞选参议员，失败。两年之后，他竞选美国副总统提名，跌倒。再两年之后，他又一次竞选参议员，还是跌倒。

但是，他一直没有忘记，让自己在跌倒之后爬起来。在他看来，只要能爬起来，就有赢的希望。所以在每次跌倒之后，他都会以非凡的勇气又爬起来，重新跨上征程。在失败面前，他一直没有放弃自己对成功的追求，也一直在做自己生活的主宰。

1860年，他成功竞选为美国总统。

其实很多时候,只要在跌倒之后能爬起来,不气馁,不放弃,我们就会发现,原来失败并不是那么可怕。在很多人认为可怕的失败后面,往往会隐藏着最大的成功契机。这个成功的契机往往会藏在很高的地方,如果我们不能爬起来,无法站起来,那么就将永远无法捕捉到这个契机。这是命运使然。

在挫折面前,多付出一些努力,多注入一些勇气,即便是跌得鼻青脸肿,再爬起来也不是什么难事。请记住:能不能在跌倒后爬起来,不在于我们伤得到底有多重,而是在于我们有没有勇气爬起来。只要有勇气,只要不死,就能爬起来。

当然,这需要我们付出更多。

5.

向困难屈服的人只会一事无成

有很多人认为,能够经受住数十、数百次失败的打击而依然坚持走下去的人,大概需要钢筋铁骨般的坚强意志,一般人是很难做到的。事实并非如此。在挫折面前能否站起来,不向困难屈服,并不单纯来自于一个人的忍受能力,更多的则是来自于他的勇气。强大的勇气可以使其在困难面前坦然应对,勇往直前。

丘吉尔说:“在困难面前不屈服,而应更加勇敢地去正视它。”每个人在奋斗中都会遇到各种困难、挫折和失败,怎样去面这些困难,则成了一个人成功与否的分水岭。毫无疑问,有勇气面对困难的人会走向成功,而向困难屈服的人则会一事无成。为什么会这么说?很简单,有勇气面对困难的人已经征服了自己,他也会征服一切,解决一切横亘在成功路上的问题;而向困难屈服的人,则被困难所征服,想想看,一个成为困难奴隶的人,怎么可能会在通向成功的路上所向披靡?

这,就是成功者和失败者的本质区别。我们可以看到的是,任何一个成功者最终迈向成功,都是在经历了无数次困难的磨砺之后。没有困难的磨砺,我们将很难走向成功。倘若遇到一次困难就屈服一次,向困难卑躬屈膝,那么,我们永远将没有机会获得成功,只能是一事无成。

莉兹于1980年出生在美国纽约的布朗克斯区贫民窟,她的父母曾经是嬉皮士,糜烂的生活使他们染上了毒瘾,生活无以为继,自顾不暇。作为他们的女儿,小莉兹从小就被父母忽略,并且早早地辍学。8岁那年,当别的小女孩穿着漂亮的花裙子开心上学的时候,她却不得不到街上乞讨。因为饿,没有饭吃。

当讨不到东西吃的时候,她就会和姐姐想尽一切办法充饥,她们一起吃过冰块,也一起"分享"过一管牙膏,因为那些东西,能让她感受吃东西的感觉。她和姐姐太饿了!

为了筹措毒资,她的父母变卖了家里所有值钱的东西,甚至还偷走了她准备过生日用的零花钱。有一年,她的母亲甚至将教会送给她和姐姐的一只火鸡卖掉去买毒品。生活的苦难对于她来说,似乎已经成为了家常便饭。在生活的困苦中,她度过了自己本该无忧无虑的童年。直到15岁那年,父亲和母亲先后死于艾滋病,她和姐姐依然没有从困境中走出来。她们无家可归,四处流浪。

当姐姐莉莎得到帮助,每晚得以在朋友家的沙发上过夜的时候,她就只能一个人流落街头。地铁和街头的长椅成为了她最常睡的床铺。她更是经常被其他流浪者欺负,受尽了人生最为辛酸的磨难。但是,她却并没有因此在困难面前屈服。

她决心要改变自己的命运,而不是像父母那样放弃对人生目标的追求。但是,想要改变自己的命运谈何容易,自己连一日三餐都没有着落,拿什么去改变命运。但是她也明白,一旦在困难面前屈服,那么自己的一生只能在叹息声中悄然度过。一定要在困难面前站起来！

17 岁那年，她决定重返学校。这个决定对于个仅念过几年小学的少女来说，是多么的困难和无助。当她穿着脏兮兮、散发着臭味的衣服到一家家学校申请入学的时候，很多人都对她投来了诧异的目光。那些目光像一根根毒刺，刺得她心里发疼，但她却依然昂首挺胸。她告诉自己，只要能再次上学，这些困难都算不了什么！

真的算不了什么，她的顽强终于打动了一所中学，被破格录取。她很快进入到一个两年可以毕业的高中加速班，开始了最为繁忙的学习。因为底子太差，她学习起来的困难是别人的几倍，甚至是十几倍。别人一看就能明白的问题，她往往要翻很多书，问很多人才能大致明白。很多人都在怀疑：在这样困难的学习环境下，她能坚持下去吗？

她当然坚持下去了，一点也没有屈服。她把每个早上、下午以及晚上都充分利用起来，并选修了独立研究课程。每天一有空闲就看书学习，如饥似渴地给自己补充“营养”。因为没有生活来源，她无法把所有的时间全部用来学习，还得打工养活自己和为自己挣学费。即便是面对这样令人难以置信的困难，也没有使她有一丝的屈服。她以常人所不能及的勇气，在这些挫折和困难面前奋力奔跑。

底子差考试不理想，她继续努力；缺衣少食，她就仍然露宿街头；没有地方看书，她就站在马路边的路灯下学习，有时候甚至连作业，她也拿到路灯下去做。在这样的困难和挫折面前她不但没有屈服，反而付出了更多的行动。有一个道理她一直明白：倘若没有勇气去努力和拼搏，那么困难就只能是困难，永远无法解决。

在如此之多的困难和挫折面前，她仅用了两年的时间，就完成了高中四年的课程，而且每门学科的成绩都在 A 以上。她以全校第一的成绩考入了哈佛大学，并在哈佛大学继续她的拼搏历程。在极短的时间内，她获得了哈佛大学硕士学位，后来又获得了临床心理学博士学位。在接受媒体采访时她说："面对困难和挫折时，我经常告诉自己，我能搞定生活。"

是的，在困难和挫折中，她没有屈服，搞定了生活，而生活，也还给她一个灿烂的成功。我们在惊讶于她这样快取得令人羡慕的成功的同时，是否好好想过，她之所以可以如此，原因到底何在？其实答案我们都知道了，那就是，在困难面前，她从来不曾有过屈服。

困难是一个惯于因人行事的家伙。对于敢于勇敢面对它的人，它会很快消失得无影无踪；而对于在它面前屈服的人，它会骄横跋扈，不可一世，甚至是变本加厉，让困难的事变得更困难。当我们在困难面前用勇气付出更多行动的时候，困难就不算是什么困难了，可以很快解决；而当我们在困难面前屈服的时候，困难只能变成是一道难以逾越的鸿沟，阻碍着我们走向成功。

其实，就是这么简单！面对困难，绝对不能屈服。一旦屈服，我们就会离成功越来越远，甚至是一事无成。

6. 在逆境中崛起的成功更有意义

只有经过风吹雨打，秋天的果实才会更加香甜；只有经过刺骨的寒风，山巅的松柏才会更加坚韧。在逆境中，不要一味地怨天尤人，咒骂上天对自己的不公，仔细想一想我们就会明白，所谓的逆境只是上天在成功前给自己的一份礼物。这份礼物，能使我们的成功之泉更为甘甜，也更有意义。

这意义从何而来？彼得逊说:“人生中,经常有无数来自外部的打击,但这些打击究竟会对你产生怎样的影响,最终的决定权在你自己手中。”确实如此,面对逆境的时候,虽然逆境中的艰难困苦会让我们心神俱疲,但同时也会磨炼我们的意志。当我们用顽强的意志一点一点酿造出成功的美酒时,那掺杂了辛勤汗水的美酒,足以让我们一生为之回味。这意义就在于此,逆境中的崛起,使我们的成功更加珍贵。

逆境给人的,是宝贵的磨炼机会。我们都知道只有经得起逆境磨炼的人,才能成为真正的强者,但却绝少有人去想,这个逆境对于强者的意义。失聪的贝多芬,艰难跋涉于荆棘丛生的黑白键上,用手指重重地扣响了神圣的《命运》之门。这个逆境对于他来说,远不是一般人的勤奋所能比拟,那里面更是掺杂了一种勇于对无常生命抗争的勇气。司马迁在逆境中,忍受着宫刑的痛苦完成了历史巨著《史记》,这本书对于他的意义早已经超出了对于世人的意义,那里面的每一个字,都见证了他在逆境中崛起的非凡勇气。

古人说:天将降大任于斯人也,必先苦其心志,劳其筋骨,饿其体肤,空乏其身,行拂乱其所为。他们一直在说明这样一个道理:逆境中的收获,往往会更甜。当我们冲破逆境,一脚踏上成功的高峰时,那份喜悦是无与伦比的,是任何比我们的成功更大的成就所不能比拟的。因为,这个成功的每个基因里面,都有我们奋斗的汗水,它带着我们的气息,和我们融为了一体。

曾经迫于穷困潦倒,他将自己的诗仅卖了10块钱,而被人嘲笑为“弱智”,因为这首诗花了他10年的时间;曾经“穷鬼”一词成了他的代名词,生活的逆境让他一度近乎崩溃,走投无路。但是,他还是崛起了,在逆境中,他的崛起变得更有意义。

他出生于美国的波士顿,是个被上帝遗弃的孩子。3岁,在他刚刚明白亲情温暖的时候,双亲就离他而去,他成了可怜的孤儿。尽管如此,他却并没有就此死去。上帝似乎是想让他多看一些人世间的冷漠,故而留下了他的生命,让他被一位做烟草生意的商人所收养。这个商人,成了他的养父。

生活看起来似乎是好过些了,但事实却并非如此。养父送他上了学,在学校里,他知道了世上有一种叫作诗的东西,并深深地爱上了它。可是,他这样的爱好却根本无法让养父理解,养父本来就不喜欢他,之所以收养他,是因为养父想在生活中有个依靠。

共同住在一个房子里的两个人相互之间却无法喜欢彼此,矛盾越来越深,终于有一天,在他们再次发生激烈的冲突之后,他被养父扫地出门。他的生活似乎又回到了原点,回到了那个无依无靠的时代。但是他却没有气馁,在逆境中他发愤努力,最后考入了美国西点军校就读。他的生活似乎有了转机,但是这个转机却如同昙花一现,很快就消失得无影无踪。

因为酷爱写诗,他忽视了校规,甚至忘记了操练,竟然被军校开除。

他想:既然因为写诗而被学校开除,那就继续好好写诗吧。但是当他一门心思沉浸在写诗当中,命运又与他开了个玩笑。在26岁的时候,他遇到了生命中最重要的女人,表妹唯琴尼亚。两人一见倾心,很快坠入爱河。但世俗却并不能允许他们两个相爱,朋友反对,家人愤怒,想把他们分开。他不为所动,两人最终结婚。

他的结婚,并非是幸福生活的开始,而是痛苦和挫折的开始。

婚后,他的生活变得更加贫困,他和新婚妻子甚至连每月3美元的房租都付不起,更不用说填饱肚子。当妻子病倒的时候,他只能眼睁睁地看着,却无能为力。他成了所有人嘲笑的对象,是一个名副其实的"穷鬼"。即便是这样,他也不肯放弃自己手中的笔,去另谋一份可以养家糊口的工作。他爱诗,想要在诗中找到自己人生的梦想。

他每天都在疯狂地写诗,这样的逆境,甚至让周围的人都感觉到艰难，可是他却依然在拼搏。他把对妻子的爱，深深地融入到了自己的文字之中，他渴望着有一天自己能够一举成名，让心爱的妻子过上好的生活。

然而，他终于没有让自己的妻子过上好的生活。他只顾着拼搏，忘记了妻子也需要吃饭，也需要看病。带着深深的眷恋，深爱着他的妻子最终还是离开了人世。这样的打击让他近乎崩溃，但他挺了过来，他流着泪水，把对妻子的爱恋付诸笔端。在这样的逆境中，他写出了闻名于世，感人至深的经典诗作《爱的称颂》。

他成功了，他的诗作，感动了许许多多的人们。人们在诗作中似乎可以看到他在逆境中苦苦挣扎的身影，以及他对妻子刻骨铭心的爱恋。他的诗让很多人感动落泪，那样的逆境，让他的诗变得鲜活起来，有血有肉，成为不朽的经典。

他，就是美国著名的作家和诗人爱伦坡，被称为世界文坛上最著名和最浪漫的文学天才之一。

只有在逆境中，成功才能变得鲜活和富有生命力，这是爱伦坡的故事告诉我们的道理。或许也可以这样说，只有在逆境中，那得来不易的成功才会拥有最强悍的力量。这样的力量，堪比世间任何的财富。

很多人恐惧逆境，他们只看这两个字，早已惊惧得不敢向前了。想想也是，逆境是由困难和挫折组成，不论是困难也好，挫折也罢，所反映的事实只会是对我们的成功不利，只能是阻碍我们的成功。在逆境面前，害怕是人类的正常反应。可是害怕又能如何？谁也无法影响上帝的决定，他有理由让任何一个人遭受逆境的磨炼。当逆境来到我们身边的时候，我们只能接受它的挑战而无法选择逃避，但在很多时候，恰恰正是这些磨炼，会让我们的成功之花开得更为灿烂。

多付出一些勇气，我们会发现，逆境，也不过如此。

第十章
委屈面前，你付出了多少忍让

人生在世，注定要受到许多的委屈，这是谁都无法改变的事实。而在通向成功的路上，我们走得越远，所遭受的委屈也就会越多。委屈就如同人生的另外一些包袱，如果不能及时地将其打开甚至甩掉，那么我们的负担将会越来越重，总有一天，它会把我们压垮在路上。要想使生命获得价值和炫彩，要想使成功的笑容更加灿烂，我们就不能太在乎委屈，不能让它们紧紧揪住我们的心灵、扰乱我们的生活。我们要学会一笑置之，用忍让化解委屈。

1.

委屈平常事，人生不如意事十之八九

善于处世需要良好的心理素质，一个人是否可以坦然面对委屈，对于其事业的发展至关重要。为什么会这么说？道理很简单，因为人生在世，不如意之事常常是十之八九，受到委屈总是在所难免，倘若把每一件委屈事都放在心里，那么我们的人生也就没有什么事可以做了，只能剩下满腹的委屈和不平。所以有人说："聪明的人，把所有的挫折都化作奋进的动力；笨拙的人，一有委屈赶快向人诉说。"

遇到委屈就赶紧找人诉说的人，的确是笨拙的人。仔细想一想，人生在世，委屈是不是很平常的事？当然是！在生活中，我们所遇到的委屈事儿，就如同下雨天一样频繁。我们可以想想看，是不是这样？工作的时候，我们和别人做了一样的工作，别人得到领导的表扬，而我们却没有，于是我们委屈；学习的时候，我们和别人一样努力了，可是别人考试得到了好的成绩，而我们却没有。还有很多这样的事情，都让我们感觉到无尽的委屈，会有一种说不出的难受。

我们会想：为什么会这样？同样的付出却得不到同样的回报，这太不公平了！对于不公平的事情，我们自然会感觉委屈，感到愤懑。这种感觉压在我们心里，使我们喘不过气来，于是，我们急需要找人一吐为快。觉得说出去之后，自己这种感觉委屈的心情得到了发泄，会轻松很多。真的是这样吗？

李明和张乐同为一家设计公司里的员工，两个人进公司的时间相差无几,而且工作能力都很强,所以都成了公司领导倚重的对象。

由于公司正处于拓展业务的特殊时期,所以有时候会比较忙,加班加点成了公司员工的家常便饭。尤其是李明和张乐,更是经常加班。他们俩经常是一块儿加班,有时候是通宵达旦,还有些时候会接连加班几天几夜,忙得不亦乐乎,熬得是四目通红。

但是,对于这样的加班两人都没有什么怨言。原因很简单,两个人都喜欢这份工作,想为公司多尽一份力,使公司的发展更上一个台阶,当然也想使自己的薪水更进一个层次。虽然加班很苦,两个人的干劲却是有增无减。

但是最近这段时间,李明却开始不满意了,他很委屈。为什么?因为慢慢地他发现了一个现象,领导在安排工作的时候,有失偏颇。很多时候,领导都会给自己多安排工作,而给张乐少安排工作。这样虽然两个人在一起加班,可是张乐的工作做起来总是轻松得多,而自己却相对累得多。

这个发现让他很是委屈。他想来想去,不明白自己到底哪里错了,按理说自己在工作中付出的努力不比张乐少呀,可是领导为什么这么对待自己。他越想越是委屈,感觉自己的工作实在是无法做下去了。这种感觉就像是喉咙中卡了一根鱼刺,让他窒息和憋闷。

自然而然,他的工作无法再认真继续下去。他心不在焉地从上班熬到下班,找理由拒绝领导要自己加班的要求。在和同事一起吃饭时,他不停地向朋友诉说自己的委屈,越说越是难受,大骂公司领导,最后喝得酩酊大醉,被朋友给搀回了家。

从这以后,这些委屈就在他心里生了根,怎么也摆脱不了。很多时候,他很想好好工作,可是一想到自己以前那么辛苦地工作,却换来了领导的不公平待遇,他的心里就不是滋味,根本无法提起兴趣来工作。久而久之,他已经明显地感觉到了公司领导对他不再器重。在这样的情况下，他自然无法再在公司里待下去，寻了个机会，向公司领导递了辞呈。

递辞呈那天，领导对他说："能告诉我到底发生了什么事吗？这段时间一直看你无心工作，以为是你出了什么事。本来想着忙过这段时间找你好好谈谈呢，没想到你却递了辞呈。人各有志，我也不好强留你。你的英语水平很好，公司本来想对你重点培养，让你出国培训学习呢，你可是辜负了公司的期望啊！"李明愣住了，他怎么也没有想到，原来自己所受的"委屈"是这么一个情况。

他能向领导说出实情吗？当然不能，所以只能选择了离开。

这个故事很有意思，看完之后需要我们好好想一想。是不是受委屈真的那么重要吗？就像李明，他把自己的委屈看得比工作还重要，因为自己感觉中的一点点委屈而无法好好工作，自然也就很难取得成功。其实领导未必不知道他想要离开的真实原因是什么，但是却一定不会再去用他。一个连一点点委屈都无法忍受的人，绝对难成大器。

我们只能这样说：委屈实在是一件再平常不过的事情。人的心情会有好有坏，运气会有好有坏，看事情的角度也会有好有坏。如果我们总是去钻牛角尖，那么生活中任何一点点看似对我们不公平的事情都能成为我们的委屈。即便事情真的很让我们委屈，那又能怎么样？人生这样的委屈事实在是太多了，如果我们可以用忍让和大度把这些委屈放在一旁，继续用平和的心态来处理工作。过一段时间我们就会发现，所谓的委屈，居然这么的不值一提！

2．能屈能伸才是人生的大智慧

能屈能伸在字典里的解释为：在失意的时候忍耐，在得志时能干一番大事业。所谓失意的时候，可以指很多方面，不得志是失意，遭遇挫折是失意，遇到委屈也是失意。在这里，我们着重讲述委屈带来的失意。

有很多时候，真正的委屈会给带给我们很大的伤害。这样的委屈会像锤子一样狠狠敲击在我们的心里，让我们心痛欲碎，却又无计可施，因为这是真正的委屈。如果委屈是因小事而起，很多人都会轻松地选择一笑而过，不予理睬。但是，如果这样的委屈很严重，我们该怎么办？那么，只有一种人生智慧可以帮助我们解决，那就是能屈能伸。

没错，就是要学会能屈能伸。能屈能伸的人生智慧需要具有宽广的胸襟和深沉的耐心，在我们被委屈束缚住手脚的时候，如果可以做到能屈能伸，那么我们就学会了处理委屈的最好方法。能屈能伸的人生智慧一点也不深奥，只要在遭受委屈的时候可以控制住自己的情绪，把心中的不满和愤懑堆积起来让其慢慢发酵，转化成前进的动力就可以了。

在很多时候，用能屈能伸的人生智慧来转化委屈所带来的负面效应，不仅可以使我们走出委屈的泥沼，还可以为我们在成功路上的奔跑提供能量。

叶卡捷琳娜二世是俄国的铁腕女皇，她的原名叫做索菲娅，出生于德国一个小公爵家庭。小时候她的生活过得无忧无虑，自小曾随母亲到过很多城市游历。如果一直这么生活下去，她会是世界上最快乐的一个女孩子，恋爱、结婚，相夫教子。然而命运却给她开了一个天大的玩笑，改变了她的命运。

1744 年，俄国女皇叶丽萨维塔为她的继承人彼得（后来的彼得三世)挑选妻子,叶卡捷琳娜成为候选人之一,被邀请到了俄国宫廷之中。

叶卡捷琳娜是个聪明的女孩子,她知道一旦进入宫廷,将要面对什么样的生活。对于她来说,她宁愿和自己的母亲一起骑马奔驰在东欧平原的驿道上,也不愿意卷入宫廷复杂的争斗之中。可是命运无常,她不得不去面对。

在到莫斯科后不久,她就被指定为皇储的配偶。这对很多人来说都是好运和值得高兴的事情,然而对于她来说,却是厄运的开始。因为,从成为皇室成员开始,她就不得不终日面对委屈。她的宫廷生活可以说是糟糕至极,不仅叶丽萨维塔女皇对她时冷时热,就连最亲近的人,自己的丈夫彼得也让她饱受委屈。彼得身体羸弱,但却性格乖戾,在外面有不少情妇。他很宠爱自己的情妇,所以常常无缘无故地羞辱叶卡捷琳娜。

叶卡捷琳娜生活在一个没有爱的"家庭"之中,她想平静地生活也不能够,因为女皇和丈夫总会没有缘由地迁怒于她。她很委屈,但却不能向任何人倾诉,因为她明白,这些委屈只能自己慢慢消化。她要积攒足够的力量,消弭自己的委屈于无形之中。她自称"无时没有书本,无时没有痛苦,但永远没有快乐"。她在委曲求全的同时,通过看书积累知识,并偷偷地组织了一个小团队,培养自己的力量。

她知道受点委屈不算什么,只有能屈能伸,先蛰伏起来,才能为自己赢得新的生活。那新的生活,就是成功。

1762 年,女皇叶丽萨维塔去世。因为宫廷里的力量大多还不在她的掌握之中,所以她不敢轻举妄动,只好看着彼得登上了皇位。彼得登上皇位之后,更加有恃无恐,而她受彼得侮辱的次数更加频繁。每当夜深人静的时候,她都会忍不住流下泪来,满腹的委屈让她几近崩溃,但她告诉自己:做人要能屈能伸,这点委屈,又能算得了什么!每当这样想过之后,她的心情就好上很多。她没有放弃努力,一直在暗中积蓄着自己的力量。

有意思的是，彼得的昏庸开始把自己推上绝路。他上台之后，做出了一系列让人目瞪口呆的行动。当时俄、奥等国正在普鲁士作战，这场大战史称“七年战争”。在形势大好的情形下，彼得却下令俄罗斯军队撤出战斗，并退出所占的普鲁士土地。不仅如此，他还忙不迭地和普鲁士国王腓特烈二世签订了合约，中止了形势大好的战争。他之所以会这么做，只是因为自己是腓特烈二世的崇拜者。

这么可笑的举动出现在国王身上，自然民心动荡，在他要求俄罗斯人改信路德教，宣布东正教徒为异教徒之后，民心动荡到了极点。反对的呼声接二连三地响起。

委曲求全到了现在，叶卡捷琳娜看到了这一有利的形势，她知道，是自己采取行动的时候了。她带领着自己的心腹，发动了政变，成功地夺得了皇位。而一直侮辱自己的彼得三世，则成了阶下囚。

从进入宫廷的那一天起，一直到成功地夺取了皇位，已经过去了18年。18年的委屈，18年的忍辱负重，终于换来了成功，换来了灿烂的阳光。是能屈能伸的人生智慧，帮助她度过了人生之中最委屈的日子。

很多时候，在委屈面前，我们没有更好的办法，只能忍耐，只能蜷起身子，等待着明天的到来。就像叶卡捷琳娜，她所受的委屈不可谓不大，但她却硬是把这些委屈放在了心里，转化成为奋斗的力量，在隐忍了18年之后，奋起一击，取得了最后的成功。倘若她不懂得能屈能伸的人生智慧，受点委屈就对彼得三世大吵大闹，以发泄自己心中的不满，那么她不可能会有以后的成就，这一点毫无疑问。

能屈能伸的人生智慧值得我们每一个人好好揣摩，在很多时候，委屈不重要，能不能做到能屈能伸才最重要。因为如果无法圆滑地“屈”起来，我们就极有可能会撞得头破血流、遍体鳞伤，更不用说是取得成功了。

别把委屈当回事儿，学学尺蠖的精神，做到能屈能伸，那么人生便没有委屈的事儿,我们的成功,将会变得容易。

3.

忍一时风平浪静,退一步海阔天空

《处世悬镜》中有句话是:“忍一时风平浪静,退一步海阔天空。”在生活中,那些没有容人之量,总是害怕自己吃亏,因为一点小小的委屈就锱铢必较的人,往往难以走向成功。

每个人都会受到委屈,但并非所有的人都能学会忍让,这从国人发明的“忍”字上就可以看得出来。的确,心字头上一把刀,一针见血地刻画出了“忍”带给人们的原始冲动。脾气再好的人,遇到让自己受委屈的事儿,总会心情很差,总是会想方设法地为自己的委屈找个宣泄口,释放自己的委屈。这个时候,如果不能忍住,让自己冷静下来,那么就会变成冲动。有句话是怎么说的来着?冲动是魔鬼,委屈一旦转化为冲动,那后果,将不堪设想。

其实仔细想想大可不必如此。人和人不是一个模子刻出来的,脾气秉性哪能一样?一语不合,产生误会的情况比比皆是,倘若一觉得自己受了委屈,便撸胳膊挽袖子地针尖对麦芒,那肯定会发生冲突。如果是这样,那又怎么可能处理得好人际关系?我们要知道的是,在这个世界上,没有解不开的疙瘩,也没有化解不了的矛盾,即便是委屈,也有其解决的正确方法,但绝对不会是冲动。

在很多时候,稍微忍一下,稍微退一步,我们就会发现,自己所受的委屈已经迎刃而解。不用刻意去证明什么,也不用刻意使人明白是自己受了委屈,只需要忍一下,退一下,自然会拨云见日,雨过天晴。

古时候有个叫杨翥的人，素以忍让聪慧而闻名，每次遇到委屈事儿，他都能够用一个“忍”字来化解。有一次，邻居家丢了一只鸡，正好杨翥家里宰了一只鸡在做。于是，邻居就怀疑是杨家人偷了鸡，并破口大骂姓杨的偷鸡不得好死。杨家人一开始没有在意，心想他骂偷鸡贼就骂吧，哪知道邻居越骂越凶，所指也越来越明确，分明就是在指着杨家人的鼻子在骂：就是你们偷了我家的鸡。家人很生气，也很委屈，想去找邻居理论，杨翥却对家人说：“满世界都是姓杨的，他喜欢骂，就让他骂去吧，清者自清。”过了两天，邻居家的鸡跑回来了，他们才知道自己冤枉了好人，很不好意思。

还有一次，下了很大的雨，另外一个邻居无意中把自己院子里的积水排到杨家院子中，使杨家深受苦楚。家人很是愤怒，也很委屈：他不想自家院子中有水，却害得我们家院子里到处是水，太过分了！于是，家人就想把水再排回去。这时候杨翥说：“忍一忍吧，我看他未必是有意的，可能只顾着排水，却没想到水都跑到我们家院子里来了。这是小事情！”于是，他带着家人，把自家院子中的水排了出去，并没有怒气冲冲地跑去找邻居理论。邻居听说后，很是感动。

久而久之，大家被杨翥的忍让所感动，都对他礼敬有加。后来，有一伙强盗密谋想抢夺杨家的财产，邻居听说后，就自发地组织起来保卫杨家，从而避免了这场灾难。

在生活中，这样的事情是不是有很多？有很多事情只能用微不足道来形容，正如杨翥面对的那两件事情，更是随处可见。同事冤枉你拿了他的东西，你很委屈，于是跑过去和他大吵一架，能解决问题吗？朋友的做法不得当，损害了你一些利益，你很委屈，冲他发一顿脾气，能要回自己的利益吗？怕是不能吧！当然不能！面对委屈，我们最好的做法不是冲动地发脾气，而是隐忍下来，退后一步，冷静地寻求解决之道。方法总会有的。

很多人会说，这样的话说起来容易，做起来可就难了。这点我们不否认，当自己受了很大委屈的时候，那种满腹的愤怒会把我们压得喘不过气来，会急不可耐地想一吐为快，尽早表明自己的委屈。所以这个时候，要想冷静，要想退让，对很多人来说，确实很难。但难归难，只要我们多压压自己的脾气，仔细想一想自己受委屈的前因后果，冷静地分析分析，就一定能够忍耐得住。

只要不是什么原则问题，我们一定要学会当忍则忍，当退则退。特别是在我们的日常生活和工作中，在委屈面前，更应该学会忍让和退步。我们一定要记住，“小不忍则乱大谋”，一时的冲动往往会导致日后的悔恨。切记，这样的冲动不是勇敢，而是莽撞，这于我们的成功无益。我们只要活着，就不可避免地要会受到一些有意无意的伤害和委屈，任何人都如此。聪明的人总是会尽可能地迁就对方，这是退让的人生智慧。既然退让可以让我们避免耿耿于怀的自我折磨，又可以帮助我们维持健康的人际关系，更加轻松地走向成功。这样的一石三鸟，我们为什么不用？

忍一会儿，我们会发现委屈其实算不了什么；退一步，我们会明白世界豁然开朗。在很多时候，我们之所以不成功，是不是因为不会退让，把自己逼进死胡同了呢？很有可能！

4. 学会宽容，心胸豁达方能海纳百川

有人说，宽容是温暖的阳光，可以融化最坚固的冰川；有人说，宽容是一剂神奇的良药，可以化解最痛苦的伤害。这话说得一点也不错，宽容是一种无法言喻的力量，可以让人与人之间的误会消除，更可以增进人与人之间的距离，使人们相处得更加和谐。

“海纳百川，有容乃大”，只有宽容、温和地对待一切，用正确的方法来消除人与人之间的误会，我们才能把事情办好。当然了，只有把事情办好，我们才能走近成功。

在美国一个市场里，有个中国妇人的摊位生意特别的好，有很多人会跑很远的路来她的摊位买东西。这样的情形引起了其他摊贩的嫉妒，那些人为了打击她，常常会在有意无意之中把垃圾扫到她的摊位，希望给她制造一些麻烦，进而影响她的生意。对于这样的欺负，相信一般人都受不了。

但是这位中国妇人却受得了，她总是宽容地笑笑，对这些人的挑衅置之不理，而是自己拿起了扫把，把这些垃圾都清扫到角落。

在她的摊位旁边有一位平常和她较为投机的墨西哥卖菜妇人，实在看不下去了就对她说：“明明就是那些人的错，他们都把垃圾扫到你这里来，你受了这么多的委屈还要替他们处理垃圾吗？你完全可以把垃圾再扫回去！”

那位中国妇女笑着说：“在我们家乡，每到过年的时候，大家都会把垃圾往家里扫，垃圾越多就代表将要赚的钱越多。现在有这么多的人送钱给我，我怎么会舍得拒绝呢？再说了，你看我现在的生意，不是越做越好吗？”墨西哥妇人不太明白，但想想她的生意确实是越来越好，也就信也为真了。

她们的对话周围很多人都听到了，从那以后，再也没有人往她这里扫垃圾了。但是，她的生意却仍然越做越红火。

我们不得不惊叹于这位中国妇女化刁难为祝福的能力，在她的这项“特殊”能力背后，我们看到的是一种宽容、豁达的美德。她受了委屈，在异国他乡被别人刁难，那种委屈的滋味可想而知。但是在自己那一点委屈面前，她却用宽容原谅了别人，为自己创造了一个融洽的人际环境。做生意讲究的是和气生财，从这一件小事当中，我们也不难看出她生意一直很好的诀窍:她懂得宽容,心胸豁达。

面对别人的过错,智者的做法是“宽容为上”,著名思想家波普曾经说过:“错误在所难免,宽恕就是神圣。”宽容是一种博大精深的境界和意境,是一种为人处世的经验和与人交往的艺术。学会宽容,可以包容别人的一切不是,给别人以改正的力量;学会宽容,与别人为善,就是与自己为善,可以使自己在难耐的委屈之中寻找到一种淡泊的宁静。

法国大文豪雨果曾经说过:“世界上最宽广的是海洋,比海洋更广阔的是天空,比天空更广阔的是人的胸怀。”在受到委屈的时候,我们一旦学会了宽容,就是学会了解救自己。对别人多一分宽容,就会多给自己一些放松的空间,我们的心灵将不再被自己关在一个狭隘的黑屋子里,而是会跳出来,大口地呼吸,大声地欢笑。只有这样,我们的心结才会解开,才会吸纳一切对我们有利的东西,成功自然而然会向我们走来。

学会宽容,心胸豁达方能海纳百川,方能轻松地走向成功。

5. 忍让绝不等于退缩

忍让是一种风度,看似在悄然后退,但是却绝不等同于懦弱;忍让是一种态度,看似做了妥协,实则是为日后的成功积蓄了力量。忍让就像跳远前的退后几步,虽然是在退,但却不是退缩而是在加力,为了能够跳得更远。

忍让实则是一种大智大勇的表现,它不计较一时的高低,眼前的得失,而是胸怀全局,着眼未来。懂得忍让的人都有一个宽广的胸怀和宽容的心灵。他们能把自己所受的委屈和不快全部暂时放置一边,慢慢地进行自我疗伤,然后在恰当的时候奋力冲刺。往往,忍让后的冲刺都能达到意想不到的成果。

但是请记住，忍让绝不是退缩。所谓退缩，是在挫折和困难面前的害怕和妥协，是一种无可奈何的放弃。假如我们想要的成功在最高的山巅，在前进的路上，我们发现前面有一个很陡很高的峭壁，很难上去，这时候退缩的人会掉转前进的方向，准备向山下走，因为对他们来说，这些困难根本无法克服，只能无可奈何地退回去。而懂得忍让的人则会稍稍后退一些，站得远一点，然后仔细查看整个峭壁，他们会发现，这个看起来绝难攀登的峭壁也有隙可寻。这就是忍让与退缩的不同。

在与人相处的时候，在受到委屈的时候，我们都应该学会忍让。冲动解决不了任何问题，反而会使我们我陷入困境，只有在忍耐中，我们才能寻找到解决问题的最佳方法。这个看似后退的举动，事实上是一套很好的缓冲设备，可以不使我们撞得头破血流。

韩信从小就失去了父母，主要依靠做些零碎的活来维持生计。但他却志存高远，熟读兵书，勤习武艺，想要做出一番大事业。在家乡时，他因为其貌不扬又家境贫寒，所以屡屡受挫，更是时常遭到乡里一些地痞和流氓的欺负。虽然受尽委屈，他却能时常忍让。

有一次，韩信走在街上，又被几个小混混盯上。那几个小混混也是闲来无事，想找点乐子，于是便走上前去，拦住了韩信，对他说："看你虽然长得人高马大，还整天带把破刀走来走去，我看着就烦。你不过是个外强中干又胆小如鼠的家伙，凭什么招摇过市？"韩信听闻此言，不为所动。

看到韩信这样，其中一个混混大笑着说："你如果真的有本事，就拿手中的刀来刺我。如果没有本事，你今天就从我这里爬过去！"说着得意地指了指自己的胯下，另外一些混混在旁边随声附和。

这时候，围观的人群越来越多，大家都等着看热闹，看韩信怎么拔出剑来大战小混混。但让所有人都没有想的是，韩信略一思索，竟然真的从那个人的胯下爬了过去。混混和所有看热闹的乡人大吃一惊，这样的情况是他们想也没有想到的！要知道，“士可杀，不可辱”，在大街上当众受人胯下之辱，没有几个人可以忍受，而韩信，却坦然受之。

因为忍让，韩信轻轻巧巧地化解了一次将要发生的冲突。他是害怕了吗？当然不是！我们知道，他后来的成就有多大，“王侯将相”韩信一人全任。这样一个人物，即便在当时还未成名，但却绝对不会去怕那几个小混混。他之所以肯委曲求全，以忍让避免纷争，不是害怕退缩，而是以退为进寻找到最好的解决问题的方法。因为他知道，一旦起了纷争，或者自己真的拿刀去刺那小混混，不但没有任何意义，反而有可能使自己身惹官司，影响自己的前程。他很聪明，以未来之路和眼前的委屈相比较，很明智地选择了前者。

卡耐基曾经说过：“在人生的道路上能谦让三分，就能天宽地阔。”中国也有句老话“一忍可以支百勇”，皆道出了忍让的巨大功用。我们一定要学会区分忍让与退缩的不同，千万不能把忍让等同于退缩，总之一句话，退缩让人走向失败，而忍让却能帮人走向成功。

王欣在一家广告公司做秘书，为人勤奋踏实，工作兢兢业业。这天，客户部经理找到她，要求她整理出一份近几年医药平面广告的文案材料。经理特别强调，这份材料要在下次开策划会议时用，很急。

经理都这样说了，王欣自然不敢怠慢，一门心思扑到工作上。为了早些把这些材料赶出来，她硬是在公司加了两天的班，啃了两顿面包，熬得双眼通红，才把任务完成。材料赶出来以后，她怕耽误事儿，更是在第一时间里将其送到经理办公室里。给经理送材料的时候，经理正在接电话，就示意她把材料放在桌子上。

没想到，这一放，却放出问题来了。过了两天，经理怒气冲冲地找到王欣，语气很重地质问王欣："小王，我要你准备的材料呢？怎么都这么几天了，还没有准备好？耽误工作了怎么办？"王欣听得一头雾水，仔细一想，才知道肯定是经理没有看到那份材料。想到自己辛辛苦苦地忙了几天，没有得到表扬，反而得来劈头盖脸的一顿批评，王欣感到很委屈。于是她告诉经理，说自己做的材料已经送过去了。

经理不信，对她说："我没有收到你的材料，它根本就不在我这里，你能怎么证明？你应该知道，我每天的工作很忙，可没有工夫来管理文件。不管怎么说，我没有收到材料，耽误了工作，就是你的责任。"

经理的强横让王欣更加觉得委屈，没办法，遇到这样的领导，只能算自己倒霉。她本来想反驳几句，可是转念一想，她又告诉自己应该忍耐，经理做得再不对，这时候如果和他起了冲突，那受害的只能是自己。

于是她告诉经理，材料自己确实是交了，但是丢了自己也有责任，自己会加两天班，尽快再赶一份材料出来，不耽误工作。经理听她这么说，脸色才缓和下来，带着一脸的不快回到了自己的办公室。

你们猜结果怎么样？在王欣又加班赶了一天材料之后，经理过来向她道歉。原来，经理在整理桌面的时候，无意中发现了那份材料，就压在其他材料的最下面。这可以证明，王欣确实是早早地交了材料。

王欣接受了经理的道歉，没有任何的不满或者不快。她只是告诉经理，只要没有影响到工作，比什么都好。而经理，也对她刮目相看，从此之后对她信任有加。

如果让我们来看，理绝对是站在王欣这边。由于经理的粗心，已经让她受了委屈，可她还是忍住了自己的冲动，退后一步，以平和、负责任的心态来处理这件事情。这样做带给她的好处是：不但赢得了经理的信任，也为自己事业的成功铺平了道路。我们可想而知,这样一个进退有度的人,必定会得到上司的重用。

忍让绝不等于退缩,而是走向成功的另一种谋略。在遇到委屈时,如果懂得以一种平和的心态来看待委屈,以一种忍让的心态来规避冲动,用冷静使自己悄悄后退几步,审时度势地寻找战机,那么我们一定可以比较轻松地走向成功。

6. 忍得了屈辱,才成得了大事

有人说,成功是熬出来的。倘若没有委屈,我们就不会明白成功的来之不易;倘若受不了委屈,我们就无法在成功之路上一直坚持下去。对于这种说法,我们没有理由反驳,仔细想一想身边那些已经走向成功的人,我们不难发现这样一个现象:一个人承受的委屈越多,抗风险、打击的意志也就越强,也就越不会轻易被困难吓倒。而具备坚强的意志和困难面前勇往直前的勇气,则是一个人成功的必要条件。

没有人可以随随便便地成功,成功是一条艰辛而曲折的道路。在这条路上,我们不仅注定要受到一些委屈,更会受到一些让人难以想象的屈辱。如果说委屈带给我们的是一种心理不平的话,那么屈辱带给我们的则是一种真真正正的心理折磨。屈辱源于委屈,却重于委屈,是一种被人蔑视的伤害,可以让人痛彻心扉。

但是正是因为更让人难以忍受,所以往往能够忍受屈辱的人,才能成得了大事。之所以这样说,是因为在很多时候,屈辱能带给人们强大的动力,让人们以更强劲的姿态冲向成功。

屈辱实际上是一种不公正的待遇。当面对屈辱的时候,要想摘掉这个屈辱的帽子，我们就必须依靠自己的努力来改变现状，而不是沮丧和痛苦，更不是受到屈辱后的精神不振。我们应该把屈辱当做是推进剂，当做是一种奋发图强的动力，在屈辱中成就大事，练就成功。

陈平是西汉名相，在少年的时候，他父母早逝，家境贫寒，只能与哥哥相依为命。但他人穷志不穷，他立志要秉承父命，光耀门庭，从此更是发愤读书，力求上进。因为读书占去了大量的时间，使他疏于了生产劳动，在那个时代，贫民要想生活下去，除了体力劳动外别无他法，陈平如此做法，在大嫂看来，就成了一个吃闲饭的人。对于吃闲饭的人，大嫂自然没有什么好脸色，终日里指桑骂槐地羞辱他。

陈平很委屈，自己只是为了多争取一些读书的时间，为什么大嫂就不能理解呢？有好几次大嫂又指名羞辱他的时候，他都想跳出来把骂声挡回去。可是他最终还是忍住了，他知道，一旦自己出言反驳，不仅这件事得不到解决，还会连累哥嫂家庭不和。他把大嫂的羞辱当做是读书的动力，更是不分白天黑夜地学习。

后来他拜一名士为师，学成之后辅佐刘邦，终于成就了一番伟业。

要想成就大事，就应该学会坦然面对别人带给自己的侮辱。我们可以把这些侮辱当做是一阵风，刮过就散了；也可以把它当做是一片雨，下过就没了。我们还可以想，风可以吹得春花烂漫，雨可以滋润万物，自己还可以从中受益呢！何必让它紧紧地缠着我们，阻碍我们的成功呢？

台湾“杰出青年”郑丰喜命运多舛，生来就受到别人的歧视，是在屈辱的眼光中慢慢长大的。他天生就是双腿畸形，无法正常行走，只能慢慢爬行。因为家境贫寒，家里人并没有多余的钱来为他治疗，所以“爬”成了他的家常便饭。周围的人看着一个慢慢爬行的小孩子，如同看着一个小怪物，在别人异样的眼光中，他渐渐明白了什么叫做屈辱。

一直到12岁的时候，郑丰喜才勉强进入国小读书。因为上学较晚，同班同学都要比他小上五六岁，于是班里的同学们就经常嘲笑他，把他当成了取乐的对象。

从小就开始受到屈辱，使郑丰喜明白了一个道理：面对别人带给自己的屈辱，大声地抗争没有丝毫的用处，要想为自己解除困境，只有一个办法可行，那就是把这些屈辱当做激励人生前进的动力，以成功来瓦解那些屈辱。他相信事在人为，通过努力，自己一定可以取得成功。

在求学的道路上，他为了消弭别人带给自己的屈辱，付出了太多的努力。行动不便，上学放学他就跪行往返，在别人异样的眼神中走过了无数个春秋冬夏。他凭着常人难以想象的毅力，克服了种种困难，最终以第一名的成绩从中学毕业。这个时候，别人看他的眼光，已经不是嘲笑，而是钦佩了。

但是，他却并没有停下自己发愤的步伐，他知道，这一点成绩距离消弭别人带给自己的屈辱还有很远，必须要继续冲刺下去，才能成为一个真正让人佩服的强者。几年以后，他又考入了台北的中兴大学。这是一所正常人想进入都很困难的名牌大学，但是郑丰喜却做到了。在屈辱面前，他没有选择消沉和自怨自艾，而是忍辱负重，用自己的努力，赶跑了那些让他痛苦的负面心理。

他成功了，当他的自传《汪洋中的一条船》出版后，他的事迹感动了千千万万的人。再也没有人会嘲笑他、羞辱他。相反，认识和了解他的人都会认为：这是一个天才，值得敬佩！

郑丰喜是天才吗？当然不是，我们知道，他只是把别人带给自己的屈辱，转化成为前进的动力，以永不言败的奋斗精神，闯过了一个又一个的难关，取得了成功。

还是那句老话，不要抱怨自己的不成功，如果真的还没有成功，是因为付出不够。当面对那些委屈甚至是屈辱的时候，想想我们是用怎样的心态去面对的？我们平静了吗？我们淡然了吗？我们忍让了吗？如果没有，那又怎么可以去怨天尤人？原因其实还是在我们自己身上。

在屈辱面前学会忍让，学会化屈辱为动力，我们才能成得了大事。

第十一章
诱惑面前，你付出了多少自律

我们生活在一个机会泛滥、诱惑无限的时代，在这个时代中我们都必须承认一个事实，那就是“乱花渐欲迷人眼”已经变得再普通不过。在通向成功的路上，这样的诱惑像满山盛开的鲜花，随处可见。但是，在每一个“鲜艳”的诱惑下面，都会有一个可以致人死命的陷阱，在等着给落入其中的我们致命一击。所以，面对诱惑，我们必须耐得住寂寞，经得起诱惑，始终守住自己的操守和底线，用自律，为我们的成功之路扫清障碍。

1.

各种各样的诱惑无处不在

曾经有人这样感叹：人有多少欲望，就会有多少诱惑，这个世界上的诱惑，真的是无处不在啊！对于这样的感慨，我们深以为然。的确，这个世界上的诱惑实在是太多了。如果每一个诱惑是一朵野花的话，那么我们人生中的诱惑，就足以开满一座高大的山头。自然，在我们那条通向成功的路旁，也到处开满了诱惑的野花。

之所以说诱惑是一朵野花，是因为它的确既美丽且芬芳，但却没有名目。极有可能，在它那美丽的色彩之下，隐藏着极度的危险。每个人的一生中都会遇到很多的诱惑，面对无处不在的诱惑，一不小心我们就会在心里激起波澜，使原来澄澈、坚定的内心变得喧哗和浮躁，渐渐迷失了前进的方向。而迷失后的道路，很有可能就是一条绝路。只有远离无处不在的诱惑，我们才能坚守住自己心中的梦想，凝神专注，收获芬芳的成功。

想要远离无处不在的诱惑，则需要我们管得住自己，也就是自律。只有自律，才可能有效地抵制无处不在的诱惑。

古希腊有这样一个神话故事：天神普罗米修斯从天上盗取火种送给了人类，使人类学会了用火，这让主神宙斯非常恼火。他认为人类不应该学会用火，为了抵消火带给人类的巨大好处，他决定要让灾难降临人间。

宙斯首先命令火神菲斯塔斯，依女神的形象做出一个可爱的女人；再命令爱与美女神阿芙罗黛堤给其淋上让男人疯狂的激素；接着，又命令雅典娜教会这个女人织布，可以制造出各种美丽的衣衫。最后，宙斯对使神汉密斯说："放入你狡猾多诈、欺骗偷窃的个性吧！"于是，一个完全的女人终于出现了。诸神给这个女人取名叫做潘多拉，意为"被授予一切优点的人"，想要将她送给人类。

宙斯想要将潘多拉嫁给普洛米修斯的弟弟耶比米修斯，但是普洛米修斯早有防备，他对弟弟说："无论宙斯送给你什么东西都绝对不能接受。"可是，当耶比米修斯看到美丽的潘多拉的时候，就把哥哥的告诫抛到了脑后。他没有经受住诱惑，快快乐乐接受了宙斯的礼物，娶了潘多拉为妻。

不久，普洛米修斯带给耶比米修斯一个大箱子，并千叮万嘱一定不能将其打开。弟弟倒是记住了，但是潘多拉却是一个好奇心很重的女人，她趁耶比米修斯外出的时候，偷偷撬开了箱子。结果箱子里不仅没有潘多拉所期待的东西，反而有很多灾祸。看着灾祸不断地从箱子中飞出来，她慌乱地盖上了箱子，结果里面只留下了希望。

在潘多拉打开箱子以前，人类没有任何灾祸，生活宁静，所有的邪恶都被关在箱子里，人类才免受折磨。因为诱惑，潘多拉使人类过上了灾难重重的生活，不断地受苦，被生活折磨。只能凭借唯一的一点希望，才能自我激励，寻找美好的生活。

这只是古希腊的一个神话故事。从这么一则神话故事之中，我们不难发现，诱惑真的是无处不在。耶比米修斯没有经受得住美色的诱惑，娶了潘多拉为妻；潘多拉没有经受得住好奇心的诱惑，打开了箱子。因为诱惑，使得人类平静的生活变得多灾多难。诱惑带给人们的危害，由此可见一斑。

在生活中，处处都有诱惑，各种各样的诱惑对我们"东拉西扯"，稍微缺乏一点自律，不能很好地管住自己，我们就有可能会如同潘多拉一样，打开了那个箱子，带给自己无尽的灾难。时代在变化，人们的欲望越来越强，诱惑人的东西也越来越多，那么要怎么样才能更好地克制住自己的诱惑？无他，只有自律。

生活的诱惑很多很多，有金钱的诱惑、名利的诱惑、欲望的诱惑等。往细了说，就是在我们的工作中，也是还有很多的诱惑。我们或许会因为一点玩的诱惑而放弃了工作；一点利的诱惑而拿了别人的东西；一点名的诱惑而剽窃了别人的文章；一点自私的诱惑而与同事反目成仇……这些诱惑都很普遍，但却危害极大，如果不能自律，我们一定会在这些诱惑上面狠狠地摔一个大跟头。

有一只小老鼠一直很快乐地生活着，虽然在很多时候都找不到东西吃，但偶尔找到一顿好吃的，会让它开心很多天，因为那是一种让人心动的惊喜。一天，它找到了一个很大的惊喜，在外出找食物的时候，它掉进了一个装有大半缸米的米缸里。

刚开始的时候，它有些害怕，猛地跳了出去，潜伏在周围打探情况。在看遍周围后它发现这里根本就没有什么危险，于是喜出望外，一头扎进米缸，大吃特吃起来。吃得肚儿圆圆之后，它想离开，但看到那么多的大米之后，却又犹豫了。它想：有这么多的大米，走了实在是可惜。

的确，这是一个很大的诱惑，它每天都在苦苦寻找食物，现在找到了，还能走吗？它真的没有走，就在米缸里住了下来，吃了睡，睡醒了再吃。日子一天天地过去，中间它也想过要跳出米缸，但终究没有摆脱香喷喷大米的诱惑。

直到有一天，当大米吃完的时候，它才发现，自己想跳也已经无法跳出去了。

危险从来不会因为我们无法看见就不存在，恰恰相反，在很多时候，危险就藏在那些看似安全的诱惑之中。当我们踩着诱惑一步步走向前去的时候，实际上已经在悄然接近危险了。

仔细想一想，像小老鼠那样的诱惑，是不是在我们身边很常见？我们以为玩一会儿无关紧要，可是正是因为那一小会儿的游戏，耽误了整个工作的进度，使公司利益受损；我们以为上班晚去一会儿没有什么关系，也不会有领导追究，可就是这样一个懈怠的诱惑，让我们养成了松垮的习惯，影响了我们日后的成功。

各种各样的诱惑无处不在，只有学会抵制，我们才可以不被诱惑所左右，不会患得患失，才能走向成功。

2.

敢于对诱惑说“不”，才能对成功说“能”

诱惑如同一坛浓烈的酒，在给我们痛快淋漓的快感之后，却又使我们陷入无尽的难受之中；如果同诱惑妥协，我们只能与失败握手，只有敢于对诱惑说“不”，我们才能真正实现自己的梦想，走向成功。

当然，诱惑是一块极富吸引力的磁石，往往会使人欲罢不能，这点我们都很清楚。既然可以称之为诱惑，那肯定是会让我们怦然心动的东西，所以想要对诱惑说“不”，确实有些难度。想要让嗜酒的人对一坛浓香的酒说“不”，那肯定会比打他一顿还让他难受。但是如果他能明白，如何去管住自己的心就很容易做到了。一句话，自律是关键。面对美酒的诱惑，只要拒绝的心志坚定，那就同样可以把这种诱惑拒之门外。

历史之中敢对诱惑说“不”的人很多，苏武一生“富贵不能淫，贫贱不能移，威武不能屈”，敢于对荣华富贵的诱惑说“不”，把这些诱惑扔进了冰天雪地；陶渊明轻唱“采菊东篱下，悠然见南山”，对官场中的诱惑说“不”，把这些诱惑写进了田园。他们都成功了，如果追根溯源的话，那么他们名垂青史的成功之路只有一条，那就是抵制住了诱惑。想想看，倘若苏武想少受点苦，对着荣华富贵的诱惑稍微有一点动心，那么历史的结果会怎么样？还有陶渊明，又会在历史中留下什么样的地位？我们不能想象。

那些敢于对诱惑说“不”的历史故事实在太远，我们暂且不论，其实在生活中，敢于对诱惑说“不”的也有很多。敢于拒绝诱惑，才能走向成功。

杨澜在一次采访崔永元时曾问：“你曾经遇到过最大的诱惑是什么？”崔永元直言不讳地回答：“钱，走穴。有人出钱让我给一个楼盘剪彩，最高价开到一剪子50万元。”

杨澜又问道：“那你为什么不去呢？”

崔永元这样回答：“这样的诱惑实在是很难抵制得住，我也是一个自制力不强的人。可我想的是，如果我在这样的诱惑下妥协了，就会爱上剪彩。这样下去，谁都挡不住我，现在我唯一可以用的方法就是不去碰它，不沾这个事。今天坐在你面前，我如实告诉你，我还是非常爱钱的。可是，我不敢用这种方式去挣。”

我们不能不为崔永元的直率喝彩，从这个故事当中我们也很容易看得出来，他面对诱惑时是如何做的。很简单，在第一次面对这种诱惑的时候，就敢于说“不”，让这种诱惑随着自己的自律烟消云散。一剪子50万元，恐怕普通人奋斗一辈子也不见得能挣到这50万元，可是他却做到了。他用自律，让自己远离了诱惑，在成功的道路上赢得了别人的尊敬。

无论诱惑有多大，只要我们愿意抗拒，愿意从心里去拒绝这种诱惑，那么对诱惑说“不”，就不会是一件太难的事情。所谓的“难”，是相对的，只有意志不坚定、不能自律的人才会这样说。只要意志坚定，可以好好地管住自己的内心，那么拒绝诱惑就不会太难。

阿里巴巴创始人马云，早年从杭州师范学校毕业的时候，校长曾经与他进行过一次长谈。校长知道马云很有志向，不会甘心当一名老师，但是为了学校着想，他还是让马云许下一个承诺：先到学校分配的学校里教书，在5年之内不许出去创业。

马云答应了校长的请求，走出校门之后，就到了一所理工学校去当老师。在当时，当老师是最没有前途的职业，作为一名大学老师，马云的月薪才 89 元，连一名普通的打工者都不如。他知道，只要走出这所学校，以自己对英语的精通，想要找到一份薪水不错的工作一点也不难。可是，他遵守了自己的承诺，安心留在学校教起了书。

一年以后，深圳一家企业聘请马云，给出的月薪是 1200 元。这比他几十块钱的工资，高出了十倍有余，是一笔相当大的收入。面对这样的诱惑，马云心动了，但他也只是心动而已，头脑发热一阵子，他还是留在了学校里认真教书。

朋友们一直在为马云叫屈，他们觉得马云这么有才，留在学校当教师实在是太可惜了。一个热心的朋友很快又为马云找到了一份工作。第三年的时候，外省又一家公司对马云抛出了橄榄枝，这家公司给出的薪水是每月 3600 元。这在当时，已经是相当高的工资了，如果可以去那边工作，他完全可以生活得很好。但是这个诱惑最终也没有能将他拉走，他始终坚守着自己的承诺。

一直到 5 年之后，他才辞职，开始了自己的创业。而在创业之初，他的很多得力助手，都来自于教书时认识的朋友，甚至还有他的学生。5 年的坚守，并非让他一无所获，反而为他留下了一笔极为丰富的宝藏，那就是人脉资源。有了很多朋友的帮助，在几经波折之后，他终于将自己的公司越做越大，阿里巴巴将要上市了。

上市之前，他的预期资金仅为 400 亿美元。让他没有想到的是，阿里巴巴仅在香港就募集了 360 亿的资金，而在新加坡，更是达到了 600 亿。在纽约就更不用说了，达到了令人咂舌的 1800 亿。很多朋友看到这种情况，就开始热血沸腾了，他们劝马云将原来定为 12 港元的发行价改为 24 港元，因为行情好，完全可以趁此机会多赚一些。这又是一个天大的诱惑，大到可以让人为之疯狂。

但是马云没有疯狂，在这个诱惑面前，他很冷静，也很坚定。在开会和大家商量过之后，他认为24港元的发行价太过冒险，一旦上市后公司业绩无法支撑，将会败得很惨。在这个诱惑面前，他只是将发行价向前提了一点，定在13.5港元，他认为这才是最理想的价位。

后来的事实证明他是对的，因为他在诱惑面前可以保持冷静，所以阿里巴巴的发展可以一日千里，成为中国最大的商务网站。

在成功的路上，最大的障碍就是欲望。而欲望却又往往以最动人的色彩出现，让人无法抗拒。马云在教书时遇到了诱惑；在阿里巴巴上市时也遇到了诱惑。其实在他成功的路上，还有很多类似的诱惑。但是他做到了在诱惑面前保持自律，做到了很好地控制自己的内心，与欲望抗争，所以他成功了。他的成功不是来自于侥幸，而是对诱惑的战胜。

成功，是从学会拒绝诱惑开始的，学会对诱惑说“不”，是成功的先决条件，是一种睿智的境界，是一种理智的选择。这其实一点也不难，多付出一些自律，相信谁都可以做到。只要可以做到这些，我们都可对成功说“能”！

3.

战胜自我，别让欲望毁了自己

人生是一场艰苦的战役，我们每个人都有很多对手，而最大的对手不是别人正是自己。在这场战役中，很多人都会失败，他们不是被对手打败，而是被自己打败。因为在这场战役中，他们经不起诱惑，无法战胜自己。

试想一下，倘若在走向成功的路上，一个人总是会被各种各样的欲望所左右，总是会一不小心就掉进了偷懒、享乐、金钱等各种各样欲望的陷阱里，那么他们还会有坚强的意志、燃烧的激情、前进的动力吗？当然不会有了，他们会一直像寒号鸟一样，躲在自己用欲望构建的岩缝里，在迷醉中昏昏度日。这样的人，只能让欲望毁了自己。但是如果可以战胜自己，用自律管住自己在诱惑面前那颗不安分的心，坚定地向前迈步，那么就一定可以走向成功。

总而言之一句话，能否赢得人生的这场战役，就看我们能否战胜自我，战胜来自人生的种种欲望。

雷力德三世是14世纪时期统治比利时一带的君主，他在治国上没有什么名气，但却以身体肥胖而闻名。导致他身体肥胖的原因只有一个，那就是喜爱美食。

雷力德三世有一个弟弟叫做爱德华，兄弟俩一向不怎么和睦，在两人之间的矛盾越来越激烈后，弟弟成功地发动了一场政变，夺取了哥哥的政权。雷力德三世从君主摇身一变，沦为了弟弟的阶下囚。让人不解的是，爱德华并没有处死雷力德三世，而是在一个城堡里给他专门建了一个房间，让他居住其中。这个房间很“奇特”，有正常大小的门窗，而且门和窗户从来不上锁。爱德华告诉雷力德三世：只要他能从那个房间里走出来，就可以让他重新回到以前的位置。

这个条件不算苛刻，唯一的问题是，雷力德三世的体形有些过胖，无法正常从那门里走出来。他要想走出来，只需要稍微减点肥就可以了。也就是说，他只需要少吃几顿好的，把身体瘦点下来，就可以重获王位。

这个决定一出，众臣哗然。对于拥护爱德华的人来说，他过于仁慈；对于拥护雷力德三世的人来说，爱德华又太傻。因为一个很简单的事实摆在众人面前，雷力德三世只需要每顿饭少吃一些，只需要几个月，他就可以走出房间，重新掌权。

但是有意思的是，一直过去了很长时间，雷力德三世始终没有走出那个房间。因为爱德华每天都会派人给他送来各种各样的美食供其品尝，而他也总是来者不拒。雷力德三世当然也知道少吃些美食可以带给自己什么样的好处，可是面对美食的诱惑，他始终难以抗拒，无法战胜自己享受美食的欲望。

当发现这一情况后，拥护雷力德三世的人恍然大悟，纷纷指责爱德华对兄长太过残忍。但是爱德华却笑着对众人说："我说过，我哥哥不是囚犯，只要他愿意，他随时都可以离开那里，决定权不在我而在他，这怎么能说是我残忍呢？"

众人一听，均无话可说，因为爱德华说得完全在理。只要雷力德三世想出来，他完全可以很快出来。但是，他却始终没能出来，一直在那间屋子里住了10年，直到爱德华在战争中死去，他才被放了出来。但那也只是被放出来，而不是他自己走出来。10年的时间，雷力德三世的身体已经被多年的贪吃糟蹋得不成样子，出来后很快就死去了。

我们已经知道，没有人限制雷力德三世的自由，是他贪吃的欲望困住了自己，使自己始终无法走出那个牢笼。他被死死地困于其中，被贪吃的欲望毁了自己的生活。走出来真的很难吗？少吃一些真的很难吗？在我们看来，那不过是小事一桩，然而因为不能自律，无法战胜自己，那小小的欲望在他的面前，已经变成了杀人的武器。

在生活中，我们会遇到太多太多这样的欲望。每个欲望都是一种诱惑，它们会给我们营造一个美丽的梦，让我们在梦中尽情享受。但是请记住，那仅仅是个梦，如果我们无法在梦中醒来的话，那就永远只能与成功失之交臂。而要想从梦中醒来，我们别无他法，只能是战胜自己。

这其实一点也不难，多一些自律，多一些坚定，沿着那条通向成功的路前进就可以了。千万不要让欲望把我们引入歧途，那些都是陷阱。战胜自我，那么任何欲望的诱惑对于我们来说，都不值一提。

4.

控制情绪，喜怒不必形于色

埃利斯说："情绪是伴随着人们的思维而产生的，情绪上或心理上的困扰是由于不合理的、不合逻辑的思维所造成的。"无论任何人，男人、女人，企业 CEO 还是普通员工，都难逃情绪的包围。喜、怒、哀、惧这四种人类的基本情绪，构成了丰富的情感元素和人们的日常行为。

我们可以说，在很多时候，人都是情绪的"奴隶"。当然，我们还可以这么说，情绪也是一种诱惑，在时时刻刻左右着我们的生活。可不是嘛，当我们开心的时候，会受到开心情绪的诱惑，无论做什么事都会心情愉悦；当我们不开心的时候，也会受到情绪的影响，不开心的情绪会紧紧地缠绕着我们，拉扯着我们，想让我们用不开心的心情去做事情。如果不能很好地控制情绪，那么我们只能身陷情绪的诱惑之中受其摆布。当然了，如果是易受情绪的摆布，倒也不错。但是如果我们受到不开心情绪或者是愤怒等坏情绪的摆布，那可有点不妙了。

"能控制好自己的情绪的人，比能拿下一座城池的将军更伟大"。这是拿破仑对情绪的感慨。可见，情绪的控制，对于一个人的成功有多么的重要。不受情绪左右的人，做事情的时候更能冷静客观，会以积极认真的态度去面对事情；而不能很好控制情绪的人，往往会跟着自己的情绪来处理事情，会有失冷静，使事情偏离正确的轨道。

要想在走向成功的路上少受到一些阻碍，少遇到一些困难，我们必须学会控制自己的情绪，喜怒不必形于色，不需要将坏的心情放在脸上带给别人，更不需要将其带到工作中去。在情绪的诱惑面前，能够坦然处之，管得住自己，那么我们的成功之路将会更加顺畅。

有一个年轻人，因为和父母闹了一些矛盾，便独自一人来到上海打工。在上海这样一个国际化的大都市里，他找到了一份工作，每天上班下班，日子倒也过得平淡。

在他的工作单位不远有家小小的酒店，每次下班不开心的时候，他都会去喝酒，然后把自己灌得烂醉如泥。每次去酒店的时候，他都会看到一位40多岁的艺人在酒店里招徕客人，赚取一些小费。那位艺人一直很和蔼，无论别人说他什么，羞辱他，甚至骂他，他全部当做没有听见，还是微笑着面对客人。他想：那个人肯定是一个穷困潦倒的人，才能做到在别人面前喜怒不形于色。

有一次，年轻人心情又变得不好，在酒店喝酒的时候，他点名让那位艺人献艺。因为心情不好，他就想拿那艺人出出气，在艺人表演完之后，他从口袋里摸出了一枚一角的硬币，并将其投到了地下。他想：这个艺人肯定要生气了。

出乎他意料的是，艺人并没有生气，只是微笑着把硬币捡了起来，并向他表示感谢。他呆住了，一时间坏心情仿佛不见了，有的只是对那位艺人深深的内疚。当他转身想找那位艺人的时候，艺人早已离开了。他想：明天我还要再来，一定要给他100块钱向他道歉。

第二天，他来了，但是却没有找到艺人。直到一个月后，他在大街上看到一位身穿名牌西装的男人，那模样，那身形都很像一个人。他想起来了，正是那位在小酒店献艺的艺人。那人也看见了他，径直向他走来，并说要带他去自己家里坐坐。出于好奇，他去了。

当到他家的时候，年轻人惊呆了，那位“艺人”住的是漂亮的奢华别墅，开的是豪华的名牌跑车，非常有钱。年轻人尴尬地说道：“那天真不好意思！”那人还是微笑着说：“没事，其实我还要感谢你，因为你使我明白，原来自己已经可以控制情绪了。”

年轻人很好奇，就问那人为什么会这么说。原来，那人是一家知名企业的老总，两年前因为自己的脾气不好，又不能很好地控制情绪，把工作中的坏情绪带到了家里，结果和家人发生了一次很激烈的冲突。最后的结果是他逼死了自己最亲的人，儿子离家出走。他深受情绪的危害，所以决定到酒店去学习怎样控制自己的情绪，学会怎么做到喜怒不形于色，用最理智的情绪去处理事情。现在，他学到了，可是却已经失去了很多东西。

年轻人恍然大悟。他在想，自己何尝不是经常受到情绪的摆布呢？与家里人如此，在工作中也是如此，看来，自己也应该好好学习怎样控制自己的情绪。

其实，不止是他需要好好学习，我们每一个人，每一个经常受到情绪摆布和诱惑的人，都应该好好学习，好好学会如何去控制自己的情绪，做到喜怒不形于色。把自己的情绪写到脸上的人，是愚笨的人。如果面对家人和朋友，我们的坏情绪会在大家之间形成一种消极的氛围，会使自己做出一些不理智的事情；如果是面对对手，我们的好情绪摆在脸上，会使对手心生警惕，阻碍我们成功的计划。所以，要想成功，我们就一定要做到喜怒不形于色，远离情绪对我们的诱惑。

多一些自律，多告诉自己，要用平常的心态去远离情绪的诱惑，我们都可以做到喜怒不形于色。说到底，我们还是需要多一些付出，那些许的自律，算不了什么！

5. 尊重规则，遵守法规纪律

孟子曾经说过："不以规矩，不能成方圆。"这句话是告诫我们，一定要遵守法规纪律，沿着规则的道路前进，才能走向成功。

在生活中很多人都不能做到遵守法规纪律，这点我们可以理解，因为在漫漫人生路上，每个人都有着自己独特的思维方式和处世方法。在很多时候，他们的想法会与规则或法规纪律相悖。每当这个时候，他们就开始矛盾了，是追求自己的个性自由还是老老实实地遵守法规纪律？这的确又是一个诱惑，那个追求"个性自由"的诱惑在不远处向他们招手：来吧，我们想做什么就做什么，何必去在乎什么规则，什么法规纪律！因为没有自律，受不了那个诱惑，他们妥协了。

可是一旦妥协，会有什么样的后果，我们可想而知。

荀子曾经说过："力不若牛，走不若马，而牛马为用，何也？曰：人能群，彼不能群也。"因为"能群"，所以人类成为了万物的主宰，但是"群"就必须有一定的规则，不能随心所欲，为所欲为。如果人人都是率性而为，那么这个社会岂不是乱了？弗洛依德说文明在一定程度上就是对自由的限制，也就是这个道理。由此可见，法规纪律对于我们有多么重要。

当然，这些都是从大的方面来讲，社会要有法规纪律。从小的方面讲也是如此，一个企业、一个团体，也必须有自己的规则和纪律。想想看，如果没有企业的规则来限制我们的上下班时间，没有制定一些必要的纪律和规则来约束我们的工作行为，那么企业将会混乱到何种地步？怕是企业将无法成为企业了吧！

总之，不管从大的方面来看，还是从小的方面着眼，尊重规则，遵守法规纪律是我们每一个人都必须做到的。或许在很多时候，会有很多诱惑拉着我们，想让我们走上不能遵纪守法的道路，但是我们必须要保持清醒。我们还必须时时告诫自己,如果无法远离这种诱惑,我们将只能远离成功。

三国时期,著名的政治家、军事家曹操就是一个很能遵守规则、遵守纪律的人。有一次,他带兵出征,路过一片麦田,看到小麦黄澄澄的将要丰收,遂下军令:任何人不得践踏麦田,违者斩。这条命令一下,众将都小心翼翼,生怕一个不留神违反了军令,那可就遭了。

无巧不巧,所有人都小心着没有践踏到麦子,偏偏曹操的马受惊了,四处乱窜,跑到麦田里去了。众多官兵不敢下田,只能站在田埂上,默默地看着。曹操从麦田里牵马出来,立即叫来了行军主簿,让其议罪。

主簿哪里敢给他定罪,于是便引《春秋》说道:"罪不加尊,不敢议罪。"意思就是,你是老大,我怎么敢给你加罪?这事还是算了吧!岂料曹操却不依,他对众人说:"这军令是我自己下的,规则是我自己定的,我如果不能遵守,又怎么能让别人去遵守?但我是军中之主,无法自杀,只好处以刑法了。"说完,拔出宝剑割下了自己的胡须。

古人讲究身体和发肤,受之父母,这胡须是万万割不得的,曹操肯割掉自己的胡须,这无异等于自甘受刑。官兵们听说这件事后,全军震动。从此以后,曹操在军中的威望更高了,曹军的纪律也更是严明。

这个故事可以说是知者甚众,很多人都听说过,也许很多人都会认为曹操是小题大做,以他的地位,完全不必如此,也没有人会说什么。在这些自定的规则面前,他完全可以不必遵守。但他还是遵守了,因为他明白,一旦自己不能遵守这些法规纪律,从此以后,自己将无法再在军中发号施令,因为没有人会听他的。他遵守了规则,树立了威信。

规则不仅仅可以约束住一个人,而且可以约束住一个团体,带着这个团体，以一种良性的方式向前奔跑。一旦这个规则被我们破坏，那么最坏的结果就是：我们被清理出局。在社会上一个人不遵守法规纪律，他会被“清理”进监狱；在工作中一个人不遵守规则纪律，他会被“清理”出企业；在通向成功的路上，一个人如果不能遵守规则纪律，他将会被淘汰，永远无法走向成功。

不尊重规则，不遵守法规纪律，这样的诱惑很让人心动。因为这代表着自己可以随心所欲地行事。没钱了，我们可以去抢；工作了，我们不想去就不去；创业了，明明知道这样做会与法律抵触，却还是要做；与人交朋友，明明知道这样做会伤害到朋友，却还是要这样做。我们承认，这样做的时候，我们在内心深处肯定会比不这样要舒服得多，因为我们可以随心所欲，做自己想做的事。可是，这样真的好吗？为什么这样做了会进监狱？为什么这样做了会失业？为什么这样做了企业会倒闭？为什么这样做了我们会失去朋友？我们心里都明白，因为我们没有遵守规则。

可以说，不能遵守规则，不能遵守法规纪律，我们就只能与失败站在一起。这是铁定的规则，不容改变。所以，我们要想成功，就必须要让自己明白这些，在很多时候，“遵守”可能代表着不能随心所欲，但是，它却给我们指出了一条正确的道路。这条路，通向成功。

6. 自制自律，才能与成功相遇

在这个纷繁复杂又充满蛊惑的世界中前行，我们每个人都会受到各种各样的诱惑。无数的诱惑像磁石一样吸引着我们，抵挡得住，我们就可以成功；反之，我们则会变成诱惑的奴隶，接受失败的命运。

为什么会有这么多的诱惑？很简单，因为人人都有梦想，人人都渴望成功，人人也都在想着寻找成功的捷径。我们之所以会被诱惑，皆是因为被这个所谓的捷径吸引，想要更快一步踏上成功的巅峰。捷径到底在哪里？捷径其实就在我们身边，那是勤奋努力、脚踏实地和坚持不懈。

很多人都知道这个道理，也都明白这才是真正的捷径，但却还是走着走着就拐了个弯儿，没有控制住自己，从而走上了岔路，这是因为他们缺乏自制与自律。

安德烈耶夫曾说："一个人最大的胜利是战胜自己！"没错，只要能够战胜自己，我们往往可以所向披靡，以最快的速度冲向成功。想要战胜自己，自制与自律是关键。在很多时候，阻碍自己前进，破坏自己艰苦努力的敌人，往往就是自己。只有可以严于律己、能时刻约束自己的人，才会攻克这个最强大的敌人而走向成功。

自制自律，意味着"自己约束自己，控制自己的行为"。从大的方面来说，这是一个群体的思想、品质的体现；从小的方面来说，这是一个人意志力的体现。自制与自律不能只是用嘴说说，而是要身体力行，用坚强的意志力抵挡住诱惑的吸引力，管住自己。唯有如此，才能真正地走向成功。

在美国一所大学的日文班里，突然出现了一个50多岁的老太太。刚开始的时候，大家并没有觉得奇怪，因为美国是个开放的国度，在这里人人都可以挑自己开心的事做。大家心想，老太太一定是因为退休之后想填补空虚才来到这里，过不了几天，她就会离开。

可是过了一段时间之后，大家发现这个老太太并没有离开，她像其他学生一样，每天清晨早早地来到学校温习功课，在上课的时候认真跟着老师阅读。更有意思的是，在老师提问的时候，她也会出一脑袋汗，好像自己是一个小学生。不仅如此，大家还发现，她每天都会工工整整地记笔记，一丝不苟。不久，年轻人们就纷纷来借她的笔记作为参考。

考试的时候，老太太更是认真。每次考试前她都会紧张兮兮地复习、补缺。渐渐地，那些年轻人已经习惯了老太太来上课，并把她当做了其中的一员。

直到有一天，老教授对大家说："做父母一定要自制自律才能教育好孩子，你们可以问问身边这位令人尊敬的女士，她一定有一群非常有教养的孩子。"大家好奇心大起，纷纷上前打听，一问之下果然如此，这位老太太叫朱木兰，她的女儿是美国第一位华裔女部长：赵小兰。

中国有句古话叫做"勿以善小而不为，勿以恶小而为之"。在很多时候，再小的事情也需要我们用自制自律来管住自己。就像那位可敬的老太太朱木兰，以她的年龄，学习日文的时候完全不必如此。她可以把学习学习日文当做是为了填补无聊的时间，有兴趣了就来，没兴趣了就离开；喜欢听了就听上一两句，不喜欢听了就给自己找点别的事做。可是她却没有，一直认认真真地学习。这虽然是小事，但是她却可以很好地管住自己，因为她可以做到自制与自律。上面的故事就算不讲，我们也能肯定，这位可敬的老太太，一定会把日文学得非常棒。一个懂得自制自律的人，无论做什么，都会成功。

在通向成功的路上，我们更需要用自制与自律来助我们奔跑。《神奇的情感力量》的作者罗伊·加恩说："自律是修身立志成大事者必须具备的能力和条件，希望每个人都能做到自律。"从本质上来讲，自制自律就是我们被迫行动前，有勇气去做我们必须要做的事情。自制和自律往往和我们不愿意去做，或者懒于去做相联系。但是我们知道，懒或者畏惧困难，往往是我们成功的大敌，用自制自律剔除这些坏毛病，我们就可走向成功。

明朝的徐溥在求学期间，为了不断检点自己的言行，做到自制自律，就专门在书桌了放了两个瓶子。每当自己经受不住诱惑，做了一件不应该做的事时，就会在一个瓶子里放一粒黑豆；每当管住自己，做了一件自己应该做的事时，就会在另一个瓶子里放一粒黄豆。刚开始的时候，黑豆很多，黄豆较少，他就开始更加严格地自制自律，深刻反省。过一段时间以后，黑豆、黄豆各占一半，他还是不满足，再接再厉地严格要求自己，管住自己。久而久之，瓶子中的黄豆渐渐多了起来，黑豆没有几颗，而他自己也终于成为了一代名臣。

显而易见，徐溥之所以能成功，成为一代名臣，和他严格的自制自律分不开。因为能够管住自己，所以他总是可以做正确的事，走正确的路，最终得到了成功。

大哲人丁尼曾经说过："唯有自律，能把自己引导向最光明的王国！"我们深以为然。在通向成功的路上，会有很多时候需要我们用坚强的意志管住自己，特别是当一些外来的诱惑很强烈的时候，我们更需要管住自己。因为往往在很大诱惑的背后，也会有很深的陷阱。如果不能自制自律，我们就会掉进去，远离成功。

也许我们的力量很小，但只要拥有坚强的自制力和自律能力，管住自己，在我们面前就没有不可征服的高峰。不要总是抱怨我们没有成功，静下心来好好想一想，在遇到诱惑的时候，我们可以自制自律吗？我们可以管得住自己吗？

第十二章

只有非凡的付出，才有非凡的成功

非凡的成功，总是需要非凡的付出。在生活中，没有一个人可以随随便便地成功，想要成功就必须要付出汗水、泪水、挫折和失败。我们想要的成功越大，这些付出就必须要越多，这如同是天平的两端，一端是成功，而另一端就是付出。只有非凡的付出，才可能压得起非凡的成功，少付出一点，我们的成功就不可能那么圆满。

1. 成功的路从来都不是一帆风顺的

每个成功者的成功之路都有着自己特有的风格，他们的这些成功之路就如同乡间的小径，或曲折或坎坷，绝少有平坦的大道，而且无一相同。但是，这些成功者一路走来，却都有一个共同的特点，那就是从来不会一帆风顺。

无论是什么样的成功者，他们的成功之路，必定都是充满了风雨和泥泞。雨水和泥泞就如同是英雄身上的伤痕，是成功者的勋章。同样，只有带着风和雨的洗礼，我们才能走向真正的成功，否则就只能与成功绝缘。

成功之路从来都是一帆风顺者少，曲折坎坷者多。要使自己不成为"经常的失败者"，我们就必须学会端正心态，善于挖掘和利用身边的资源，把艰难困苦当做是成功路上的家常便饭，把风吹雨打当做是成功大门的门票，努力改变这些不利因素的安排，多付出一些努力，使自己的成功更加精彩。

历史可以为我们见证：屈原的《离骚》来自于他的放逐；左丘的《左传》来自于他的失明；孙子的《兵法》和他的髌脚息息相关；司马迁的《史记》在他宫刑的痛苦中成长。他们这些人成功了，在几千年之后，后人还记住了他们的名字，还在为他们的作品津津乐道。但是他们的成功之路，无一不是曲折坎坷，没有一帆风顺。

很多年前，在比利时有一个青年叫做阿道夫。阿道夫的童年可谓是多灾多难，他不小心吞过缝衣针，误食过硫酸，从楼上跌落过，还曾摔倒在点燃的火炉上差点烧死。长大以后他成了一名木匠，但是他知道，自己并不喜欢给别人制作家具，而是喜欢制作乐器。于是，他发明了一件新的乐器，听着自己制作的乐器发出动听的声音，他觉得是世界上最美的享受。

但是，他发明的这件乐器却并不受人欢迎。为了能让更多的人听到自己发明的乐器演奏的音乐，他想到了把这件新乐器介绍给世界音乐权威集中的地方——巴黎音乐界。于是，他便千辛万苦地赶到了巴黎。但是巴黎的那些知名乐器商们又怎么会把他这么一个来自于比利时的无名小辈放在眼里呢？那些乐器商们对他推荐的乐器根本就不闻不问，没有给他丝毫的机会。

为了等待一个可以展示自己乐器的机会，阿道夫在巴黎漂泊了 9 年。在这 9 年的时间里，他每天都在寻找，想让人给自己一个机会。可是，他却始终没有得到这个机会。有时候他觉得，成功的路看起来就在眼前，可是却是那么的难走，一直走了那么多年，自己还在路上苦苦挣扎。他甚至怀疑，自己制作的乐器真的能让别人喜欢吗？

但他始终没有放弃，直到有一天，他终于为自己争取到了一个在巴黎音乐会上演出的机会。9 年来他的执著感动了一些巴黎音乐界的人，他们为其争取到了这样一个机会，并特意谱写了一首曲子。面对这个从天而降的机会，阿道夫欣喜若狂。他知道，成功之门在慢慢向自己打开。

他还是高兴得有些早了，在去演出的路上，意外再次降临。他的宝贝乐器从马上掉了下来，摔成了两半儿，甚至连里面的铜管也掉了出来。怎么办？在那一瞬间，阿道夫甚至有些绝望了。等了 9 年，盼了 9 年，难道就这样让机会白白溜走吗？他振作了精神，并没有因此退缩，而是抱着破损的乐器登上了舞台。

在舞台上，他用双手紧紧抱着自己那破损的乐器，一刻也不能离开。因为双手一旦离开，里面的铜管就会掉下来。手不能离开，也就无法去翻乐谱，他只能凭着自己的记忆去演奏。在忘记了乐谱的时候，他就吹出长音连接过去，直到自己想起。尽管如此，法国的观众还是被这美妙的乐声所吸引。他们从来没有听过这样好听的音乐，优美、柔和、荡气回肠，让人久久回味。所有的观众，都喜欢上了这种乐器，演出结束后，阿道夫得到了热烈的掌声。他知道，自己终于成功了。

他的确是成功了，他发明的乐器，一夜成名，成为了巴黎音乐界的新宠。很多乐队开始增加这种乐器，就连法国 ZF 也将这种乐器列为军乐队的必备乐器。这种乐器，就是世界闻名的萨克斯管，而阿道夫，正是“不老的萨克斯手。”

历史的长河之中，有太多如同阿道夫一样的故事。他们的成功，不是偶然，而是必然，因为他们都能勇敢地走过那段并不顺利的道路。就如同风雨之后会有彩虹一样，在坎坷曲折的后面，往往会有成功在等着他们。阿道夫成功了，他的成功理所当然。

很多人都在抱怨，抱怨自己不能成功，抱怨自己这条通往成功的道路上有着太多的坎坷，抱怨自己离成功还有很远，他们甚至还会抱怨别人可以轻易成功而自己不能够……其实他们忽略了一点，他们所看到的，只是别人的成功，却并没有看到别人成功背后的曲折。没有一个人可以一帆风顺地走向成功，总会有许多意想不到的困难曾经拦住过他们，只是，他们凭借自己的坚强勇敢地闯了过来，所以他们能够成功。

曾经有过这样一则报道：据统计，全世界白手起家、最终资产超过 10 亿美元的富豪有 680 个，他们从平凡走向成功，无一例外都经历了风风雨雨。一帆风顺从来不存在于他们的字典之中，因为他们知道，一帆风顺成就不了大业。

净资产达到 300 亿的拉里埃里森，出生于单亲家庭，在 32 岁之前还一事无成。他读过三个大学，却没有得到一个学位文凭；换了十几家公司工作，却还是一贫如洗。到了最后，连妻子也离他而去。在这些困难面前，他并没有低头，毅然开始了自己

> 的创业。刚开始创业的时候，他只有 1200 美元的资金，还是困难重重。但是经过奋斗，他却使得甲骨文公司连续 12 年的销售额每年都翻上一番，成为世界上第二大软件公司。

当然，如果细数起来，他成功路上的曲折怕是很难说得完。总而言之一句话，他的成功，不是从一帆风顺中得来的，而是从曲折和坎坷中走来。拉里埃里森的故事只是一个点，一个走过艰难困苦，走向成功的点。世界上所有的成功者，都是由这样的点组成，没有人可以例外。

一句话，一帆风顺得不到成功。所有的成功都来自于非凡的付出和不懈的奋斗。

2.

不经历风雨，谁能见彩虹

一只蝴蝶在茧中苦苦挣扎了很久也不能出来，一个好心人感觉它挣扎太辛苦，便出于好心将茧剪开了一个口子，让其可以轻易地爬出来。果然，在他的帮助下，幼蝶轻松地爬了出来。只是没过多久，这只幼蝶便死去了。

在感慨之余，我们想过这是为什么吗？原因很简单：承受破茧而出的痛苦，是自然规律在锻炼幼蝶，使其躯体更加健壮、翅膀更加有力，这样它才可以快乐地飞翔。好心人的帮助虽然免除了它的痛苦，但同时也剥夺了它锻炼自己的机会。没有经过如此的锻炼，它只能以娇弱的身体在生活中苟延残喘，永远无法展开翅膀，飞向成功。

我们都听过这样一句话："不经风雨，怎么见彩虹。"说的也是这个道理。风雨就是蝴蝶身体外面的那层茧，虽然会给我们带来很多意想不到的挫折和痛苦，却同时也磨炼了我们的身体和意志。只有经过这种磨砺的人，才能冲破重重困境，迎来世上最美丽的彩虹，这个彩虹，就是成功。

冰心说："成功的花，人们只惊慕它现时的明艳，然而当初它的芽儿，浸透了奋斗的泪泉，洒遍了牺牲的血雨。"的确如此，花儿看起来虽美，但在开花之前，它所经历的磨难是我们难以想象的。狂风吹，暴雨袭，困难一波接着一波到来。但是，正是经过了如此多的风雨，花儿才得以用最美的姿态面对世人。我们也可以这样理解，如果没有风雨和冰霜的磨砺，就没有花儿的美丽。

在漫漫人生路上，风雨总是在所难免，但是我们一定记住，所有的困难，其实都是在帮助我们，在给我们铸造一个坚强的意志。拥有坚强的意志，我们就可以勇敢面对一切困难，就可以耐心地等待，就可以用一种坚持的姿态，来迎接成功。

鉴真大师刚刚遁入空门的时候，寺里的住持让他做了一名行脚僧。行脚僧是一个苦差事，没有人愿意做，鉴真大师也不例外。

为了向住持表示自己的不满，有一天日已上三竿了，他依旧大睡不起。住持闻听此事后很是惊奇，便亲自过来叫他。推开房门，住持看见他的床边堆满了许多破破烂烂的鞋子，更是大惑不解。于是便叫醒鉴真问道："你今天不出去化缘，却在床边放了那么多破鞋子做什么？"

鉴真故意打了个哈欠说："别人一年一双鞋子也穿不破，我刚刚剃度一年，怎么就穿烂了那么多鞋子！"住持一听，顿时明白了，敢情这是抱怨来了。于是对他微微一笑说："昨晚刚刚落了一场雨，你随我到寺前去走走吧。"鉴真很是不解，但住持发话，又不好多问，就跟着住持来到了寺前。

寺前并未铺上地砖，是一段黄土坡，因为刚刚下过雨，路面十分的泥泞。住持问鉴真："你出家是为了当一天和尚撞一天钟，还是为了做一名可以光大佛法的名僧？"这个问题问得直接，鉴真想也不想就回答："当然是想做名僧。"住持微微一笑，指着前面的泥泞道路问："那么这条路，你昨天可否走过？"

这条路鉴真每天都要走上几次，出入化缘都是从这里走过，虽然不太明白住持的意思，但还是如实回答："当然，我每天都从这条路上走过。""你现在能在这条路上找到昨天的脚印吗？"住持又问。

鉴真十分不解，问道："昨天白天又没有下雨，路面又干又硬，哪里能找到自己的脚印？"住持笑着带头向泥泞的道路走去，说："那么今天我们在这路上走一趟，你能找到自己的脚印吗？"鉴真跟在住持后面回答说："当然能了。"

住持听完笑着拍拍他的肩膀说："泥泞的路上才能留下脚印，世上芸芸众生，莫不如此啊！"一刹那，鉴真顿悟：的确，不经历风雨的前行，就像双脚踩在又平又硬的大路上，什么也不能留下。而只有历经风雨，才能留下深深的脚印。

是啊，只有我们从风雨中走过，才明白痛苦和快乐究竟意味着什么，才明白成功究竟意味着什么。风雨的洗礼，会使我们在路上走得更加艰难，但只有经过这样的艰难，我们才能得成功，这是人类生存的法则。

老鹰为什么能飞得那么高？是因为它经历了无数次摔下山崖的痛苦，在这种痛苦中锤炼出一双凌空的翅膀。珍珠为什么可以光彩夺目？那是因为蚌的肉体经过无数次的蠕动以及无数风浪的冲击，痛苦使珍珠熠熠生辉。史铁生摔了一跤，没有了双腿，这样的风雨对任何人来说都是最沉重的打击，然而他挺住了，坚持着继续用轮椅在人生的道路上前行，所以他看到了彩虹；贝多芬双目失明且又耳聋，再也无法听见自己最爱的乐曲声，这样的风雨打击无疑是致命的，然而他挺住了，用自己内心深处的坚持，写出了大量世界闻名的曲子，也迎来了最美丽的彩虹。

风雨算得了什么，在坚强者的心里，那并不可怕，最可怕的是失去了走下去的勇气和信心。只要勇气和信心不失，再大的风雨都只能是彩虹到来的前兆。只要坚持走下去，就一定能赢得成功。

我们都想赢得成功,赢得非凡的成功。可是,我们明白这个道理吗?非凡的成功,是由非凡的付出组成,而坚持下去的勇气和信心,则是非凡付出的主心骨。就算我们可以付出很多,也必须用坚持、用勇气、用信心贯穿始终。我们必须深信,在痛苦之中坚持下去,就必定能赢来精彩的人生。

3.

只有非凡的付出,才有非凡的成功

有一位青年画家向一位知名的老画家求教:为什么他的画,卖了一年也卖不出去一幅,而老画家的画只需要一天,就会被抢购一空?老画家微微一笑,告诉青年画家:如果你用一年的时间来画一幅画,那么你的画不需要一天也能卖出去;如果你用一天的时间来画一幅画,那么就会一年也卖不出去。

青年画家恍然大悟,明白了其中真味,对老画家拜谢而去。他回到家里闭门苦练,潜心画画。果然,此后只要一有他的画出售,就会被人抢购一空。

为什么会出现这种情况?很多人都会想,是青年画家的功力不够,不能达到购画者的要求。我们不否定这种解释,但是想一想,还有别的原因吗?当然会有,那就是他的付出不够。这个道理很容易理解,想想看,假如我们很会做菜,我们做一个最拿手的好菜需要10分钟的时间,但是只用5分钟的时间,我们能做得好这道菜吗?能做出和原来一样的味道吗?自然不能!老画家想告诉青年画家的其实是这样一个道理:小付出有小回报,只有非凡的付出,才会有非凡的回报。

庄子曾经讲过这样一个故事：大多数钓鱼的人，都习惯于拿着渔竿东游西荡，感觉这边有鱼，就在这边钓一会儿；感觉那边有鱼，就又跑到那边钓一会儿。池边、河边、湖边，无所不去。所以，他们天天都能钓上一些小鱼小虾，快活热闹。

可是，有个老渔翁却不这样，他只到海边去钓鱼。他用的鱼钩很大，用的钓鱼线也很粗，他不屑于钓那些小鱼小虾，而是坐在了海边的悬崖上去钓大鱼。他坐了一天又一天，风吹日晒，却一无所获。人们觉得他很笨，都在笑话他，感觉他这样简直是不可理喻。然而他却不为所动，一直坚守在那里，等待着自己的大鱼。

10 年，他整整坐在海边的悬崖上钓了 10 年的鱼，可是始终一无所获。10 年来，他周围的人们，每天都在钓着小鱼小虾，乐此不疲，而他却始终两手空空，浪费了很多的时间和精力。终于有一天，他钓上了一条鱼。这条鱼很大很大，被大家捞上岸，分割开来。许多人都享受了这条鱼的鲜美，那大量的鱼肉，让所有人吃了很长时间都没有吃完。直到这个时候，人们才发现，老渔翁这 10 年来，并不是一无所获，而是他的收获，超过了所有的人。

当然，这只是庄子讲的一个故事，故事的内涵也并非是要求我们每个人都像老渔翁那般钓鱼，而是告诉了我们一个最浅显的道理：一个人付出的努力越大，就能取得越大的成功。倘若我们都可以像老渔翁一样，忍受“10 年的风吹日晒”，那么就一定可以收获像那条“大鱼”一样的成功。

在很多时候，我们总是看到成功人士的非凡成功，看到人家大利小利不断，看到人家头顶的光环明艳照人，可是却从来不去看他们付出了多少。可以肯定的是，他们的成功之路，必定是由无数的孤独寂寞、无数的艰难险阻所铺就。他们以非凡的付出走过了这样的道路，所以他们成功了。

海伦·凯勒是美国著名的聋盲女作家和教育家。在她出生19个月的时候,患了一场猩红热。这场疾病夺去了她的听力和视力,从此以后,她就只能在黑暗的世界和寂静为伴。与此同时,她的嘴巴也发不出声音来。五官三废,她的父母也曾一度以为她此生再也没有什么希望,然后她却成功了,成功在世界的惊叹之中。

虽然后人评价她的成功是因为遇到了一个好的老师,安妮·苏利文小姐。但是谁也不能否认,她之所以可以取得如此成就,是因为那非凡的付出。她的付出我们可以想象得到,一个又瞎又聋又不会说话的小女孩,如何从外界汲取知识?又如何听从老师的教导?毫无疑问,她要付出超出别的孩子五倍、十倍,甚至百倍的努力,才能做到如此。

一个简单的"水"字,她需要老师在自己手心里写,需要自己用手去触摸,去一次次地感受才可以明白。但那仅仅是明白,她甚至需要去摸别人的嘴,摸"水"字发音时别人的口形。也就是说,别人听一两遍,看两次就可以学会的单词,在她这里却需要无数次的实践和摸索才能明白。她学习的艰难,由此可见一斑。

可是她始终不曾气馁,她用自己非凡的付出,为自己打通了一条渠道,一条通向成功的光明之路。用手去摸,用心去看,成了她学习的方式,虽然,这个学习的方式要比别人多付出千百倍的艰辛。可是她坚持了下来,她用努力,向世人高唱了一首奋斗之歌。她的《假如给我三天光明》感动了无数的世人。

她不仅用书去鼓励人们,在她学会说话之后,她更是四处为残障人士演讲,鼓励他们肯定自己,做一个残而不废的人,帮助了无数的人们。

她的成功,可是说完全是用自己非凡的付出得来的。

感动之余,我们想到些什么?无数成功人士用他们最简单的事迹只告诉我们一个真理:只有非凡的付出,才会有非凡的成功。看到别人成功，我们心生羡慕，那就好好想一想，我们付出了多少？可以肯定地说，我们之所以还不成功，只是因为付出的还不够。如果想要取得非凡的成功，我们别无他法，只能更多地付出。

没有足够的付出，哪有想要的成功！只有付出足够多，才能拥抱成功。所以，如果你还没有成功，只能说明你付出的还不够多。